Duden

Mathe in 15 Minuten

Geometrie 7. Klasse

Dudenverlag
Mannheim · Leipzig · Wien · Zürich

Inhalt

4 Körper

5 Berechnungen an geometrischen Figuren

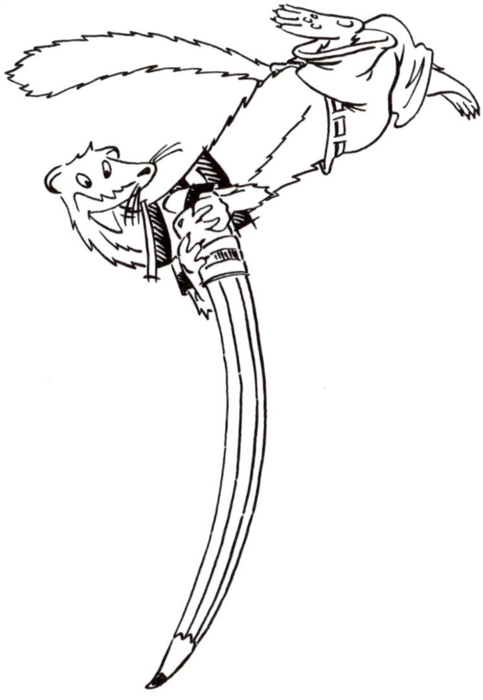

Linien und Punkte unterscheiden und bezeichnen

Punkte bezeichnet man mit Großbuchstaben: A, B, C, P, Z ...
Im **Koordinatensystem** wird ein Punkt durch seine **Koordinaten** bezeichnet: P (x|y). x ist der waagerechte Wert; y ist der senkrechte Wert.

Verbindet man zwei Punkte durch eine gerade Linie, entsteht eine **Strecke.**

- Eine Strecke ist die **kürzeste Verbindung** zwischen zwei Punkten.
- Der **Abstand** zwischen zwei Punkten ist gleich der **Länge** der Strecke.
- Strecken bezeichnet man durch die Endpunkte und den Querstrich: $\overline{AB}$.
- Eine Strecke hat immer **einen Anfangs- und einen Endpunkt.**

Verlängert man die Strecke $\overline{AB}$ unendlich über einen Endpunkt hinaus, entsteht eine **Halbgerade** (frühere Bezeichnung: **Strahl**).

- Linien, die in einem Punkt beginnen und unendlich verlaufen, heißen Halbgerade.
- Aus einem Punkt können unendlich viele Halbgeraden verlaufen.
- Jede Halbgerade hat **einen Anfangs-** aber **keinen Endpunkt.**

Verlängert man eine Strecke unendlich über beide Endpunkte hinaus, entsteht eine **Gerade.**

- Geraden bezeichnet man mit kleinen Buchstaben: g, h, a, b ...
- Eine Gerade hat **keinen Anfangs- und keinen Endpunkt,** aber man kann auf ihr beliebig viele Punkte abtragen (↑ S. 16).

1 **Zeichne alle möglichen Strecken und benenne diese korrekt.**

Strecken: $\overline{AB}$, ______________________________

2 **Zeichne jeweils fünf mögliche Halbgeraden (grün) und sechs Geraden (blau) sowie zwei Strecken (rot).**

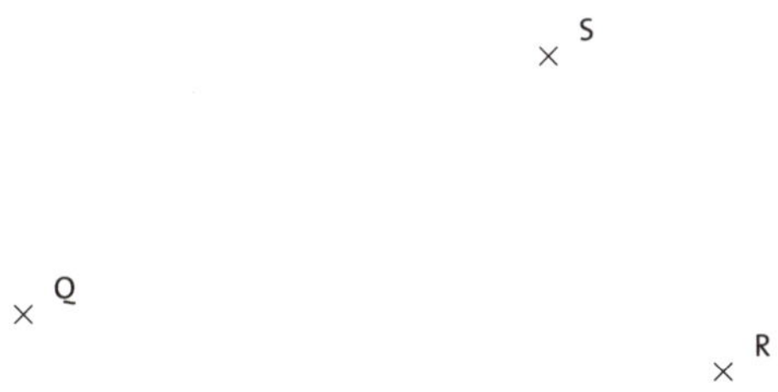

3 **Zeichne die angegebenen Punkte in das unten stehende Koordinatensystem und verbinde sie in der angegebenen Reihenfolge.**

(6|4); (6|2); (4|2); (4|7); (9|12); (16|12); (21|7); (26|7); (26|2); (22|2); (22|4); (18|4); (18|2); (10|2); (10|4); (6|4); setze ab und beginne neu bei (6|7); (9|11); (16|11); (20|7); (14|7); (14|11); (13|11); (13|7); (6|7).

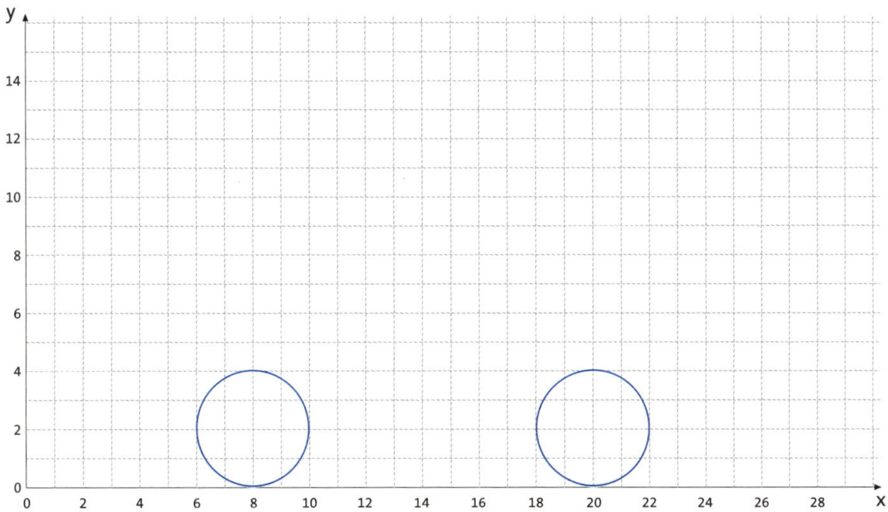

Lagebeziehungen von Punkten und Linien

Die **Länge einer Strecke** ist der **Abstand zwischen zwei Punkten.**
Alle **Punkte,** die **von einem Punkt** denselben Abstand haben, liegen auf einem **Kreis** (einer **Kreislinie,** ↑ S. 24) mit gemeinsamem **Mittelpunkt.**

Zwei Geraden haben entweder

- **genau einen** gemeinsamen **Punkt** (den Schnittpunkt),
- **gar keinen** gemeinsamen **Punkt,** weil sie parallel liegen, oder
- **alle Punkte** gemeinsam. Sie liegen parallel übereinander und sind identisch.

Schneiden sich zwei Geraden g und h in einem **rechten Winkel** (90°, ↑ S. 8), dann sind sie **zueinander senkrecht.**

- Man schreibt $g \perp h$ und spricht „g ist senkrecht zu h".
- In Zeichnungen oder Figuren veranschaulicht man solche Geraden oder Strecken (Seiten) mit dem Zeichen für einen rechten Winkel ⊾.

Zwei Geraden g und h ohne gemeinsamen Schnittpunkt verlaufen **parallel.**

- Man schreibt $g \,||\, h$ und spricht „g ist parallel zu h".

Die **senkrechte** Verbindung zwischen zwei parallelen Geraden oder zwischen einer Geraden und einem Punkt heißt **Abstand** (oder **Lot**).

1 **Miss die Abstände zwischen folgenden Punkten in cm. Zeichne um den Punkt F als Mittelpunkt in einem Abstand von 2,5 cm eine Kreislinie und markiere, welche der Punkte innerhalb dieses Kreises liegen.**

a) A und B ____________

b) B und C ____________

c) A und E ____________

d) C und F ____________

e) A und F ____________

f) D und E ____________

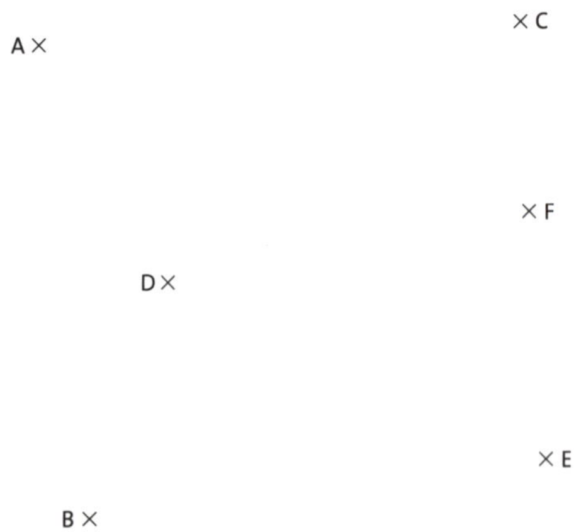

1
2
3
4
5

2 **Zeichne alle möglichen Geraden durch die angegebenen Punkte und kreuze unten an, wie viele Schnittpunkte die Geraden haben und wie sie zueinander liegen.**

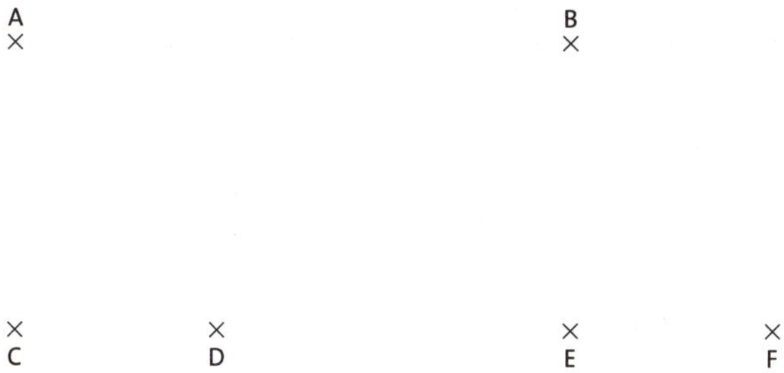

Geraden durch	1 Schnitt-punkt	kein Schnitt-punkt	identisch	parallel	senkrecht
AB und CE	☐	☐	☐	☐	☐
BC und AD	☐	☐	☐	☐	☐
CF und BD	☐	☐	☐	☐	☐
CF und BE	☐	☐	☐	☐	☐
DF und CE	☐	☐	☐	☐	☐
AD und BF	☐	☐	☐	☐	☐

3 **Welche Geraden liegen senkrecht und welche parallel zueinander? Miss den Abstand zwischen M und g.**

||: ______________________

⊥: ______________________

Abstand M zu g = ______ cm

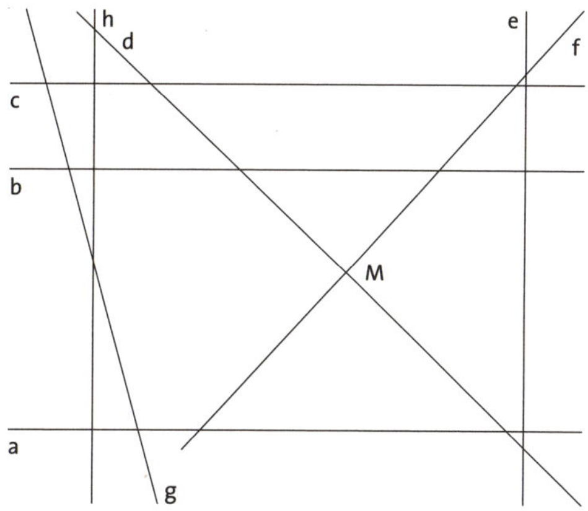

Winkel und Winkelarten

Zwei Halbgeraden mit gemeinsamem Ausgangspunkt bilden einen **Winkel.**

- Der gemeinsame Ausgangspunkt heißt **Scheitelpunkt.**
- Die beiden Halbgeraden (Strahlen, ↑ S. 4) heißen **Schenkel.**
- Die Größe eines Winkels bezeichnet man in der Einheit **Grad**: °.

Winkel werden stets **gegen den Uhrzeigersinn** gelesen, gemessen und bezeichnet. Zur Bezeichnung von Winkeln verwendet man entweder:

- kleine **griechische Buchstaben:** z. B. α, β, γ, ... oder
- das **Winkelzeichen** und die Angabe der **beiden Schenkel,** von denen der erste Schenkel zuerst notiert wird: z. B. ∢gh oder
- das **Winkelzeichen** und die Angabe von **drei Punkten,** die den Winkel einschließen: ein Punkt des *ersten Schenkels*, den *Scheitelpunkt* und ein Punkt des *zweiten Schenkels*: z. B. ∢ASB.

Winkel unterscheidet man nach ihrer **Größe:**

- **Nullwinkel:** $\alpha = 0°$
- **rechte** Winkel: $\gamma = 90°$
- **gestreckte** Winkel: $\varepsilon = 180°$
- **Vollwinkel:** $\eta = 360°$
- **spitze** Winkel: $\beta < 90°$
- **stumpfe** Winkel: $90° < \delta < 180°$
- **überstumpfe** Winkel: $180° < \phi < 360°$

1 **Miss die Größe der Winkel und gib zu jedem Winkel die Winkelart an.**
Tipp: Zum genauen Messen musst du manchmal den zweiten Schenkel verlängern.

a)

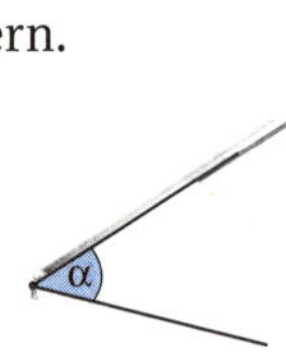

$\alpha =$ 45° spitzer Winkel

b)

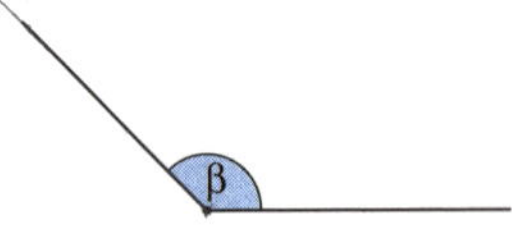

$\beta =$ 135° stumpfer Win

c)

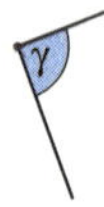

$\gamma =$ 90° Rechter Winkel

d)

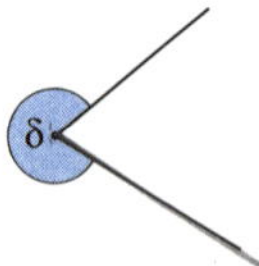

$\delta =$ 288° überstumpfer Winkel

2 **Beschrifte die Winkel mithilfe der Angaben.**

Hinweis: Gelesen, beschriftet und gemessen wird gegen den Uhrzeigersinn!

a)

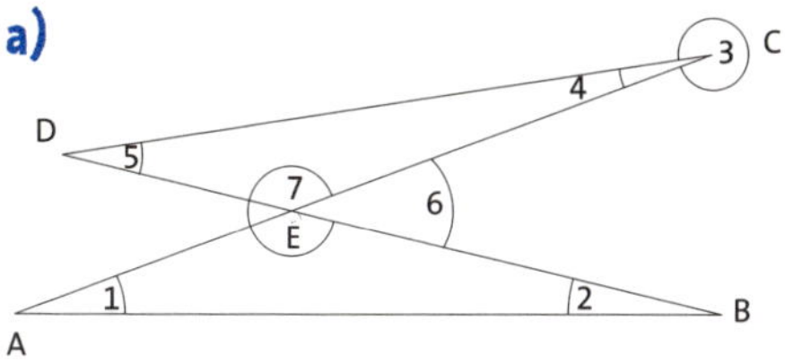

b)

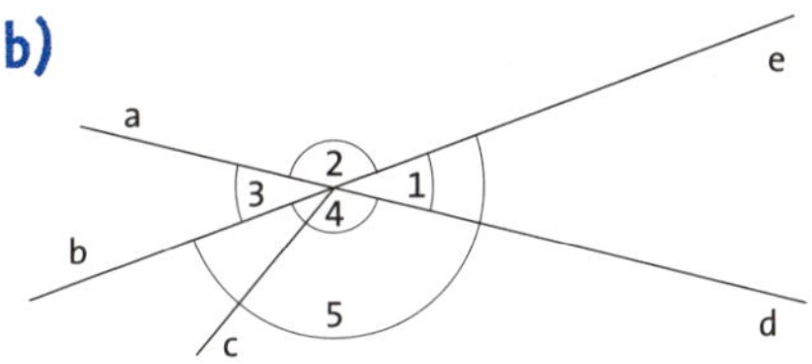

a)			b)	
Winkel 1:	∢BAE	oder ______	Winkel 1:	∢ de
Winkel 2:	______	oder ______	Winkel 2:	______
Winkel 3:	______	oder ______	Winkel 3:	______
Winkel 4:	______	oder ______	Winkel 4:	______
Winkel 5:	______	oder ______	Winkel 5:	______
Winkel 6:	______			
Winkel 7:	______			

3 **Zeichne die angegebenen Winkel und beschrifte sie nach der Vorgabe. Gib *vor* dem Zeichnen die Winkelart an und zeichne dann im Heft.**

Hinweis: Auch Geraden und Punkte müssen beschriftet werden.

a) ∢ef = 180°
gestreckter Winkel

b) ∢gh = 190°
überstumpfer Winkel

c) ∢ij = 185°
überstumpfer Winkel

d) ∢ABC = 122°
stumpfer Winkel

e) ∢DEF = 270°
überstumpfer Winkel

f) ∢GHI = 355°
Überstumpfer Winkel

Lagebeziehungen von Winkeln und Winkelgesetze

Schneiden sich zwei Geraden, so nennt man die gegenüberliegenden Winkel **Scheitelwinkel** (1). Nebeneinanderliegende Winkel nennt man **Nebenwinkel** (2). Es gilt:

- Scheitelwinkel sind gleich groß.
- Die Summe von zwei Nebenwinkeln ergibt stets 180°.

(1)

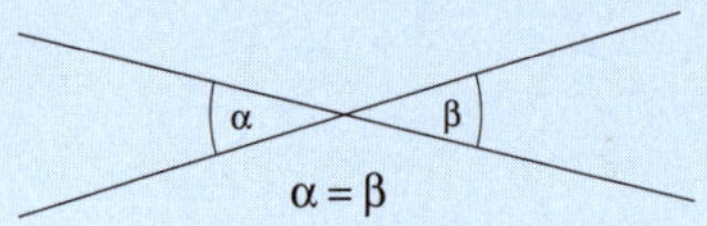

(2)

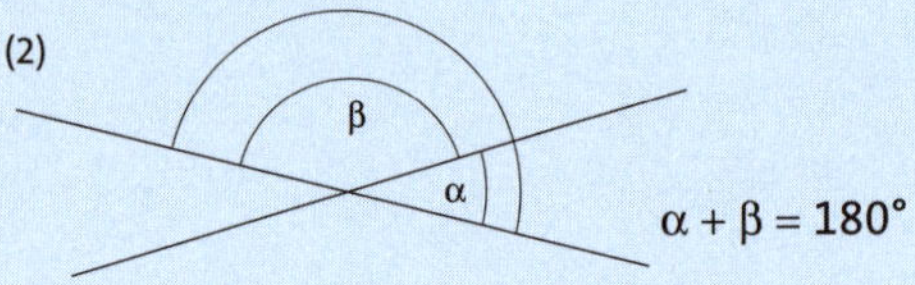

Schneidet eine Gerade zwei andere Geraden, so entstehen **Stufenwinkel** (3). Auf den gegenüberliegenden Seiten der geschnittenen Geraden liegen die **Wechselwinkel** (4). Entgegengesetzt liegende Winkel heißen **Nachbarwinkel** (5). Liegen die beiden geschnittenen Geraden **parallel** zueinander, dann gilt:

- Stufenwinkel an Parallelen sind gleich groß.
- Wechselwinkel an Parallelen sind gleich groß.
- Nachbarwinkel an Parallelen ergeben zusammen 180°.

(3)

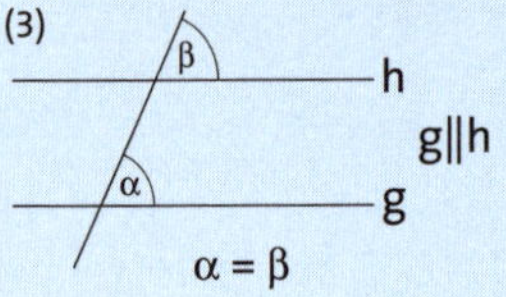

(4)

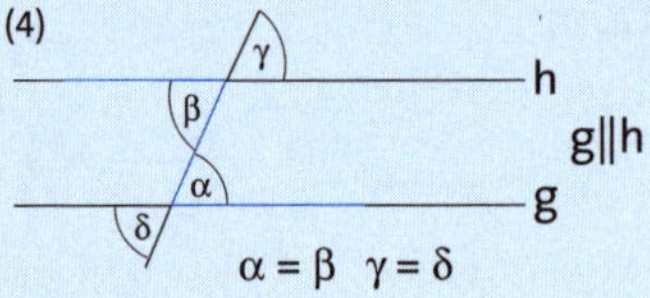

(5)

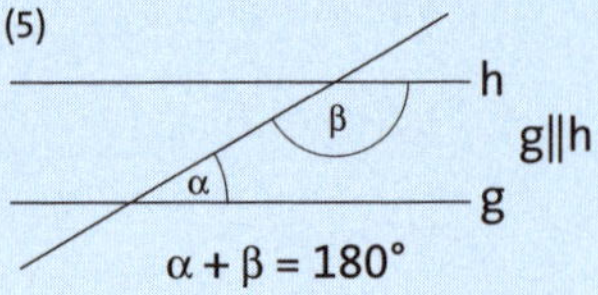

1 **Zeichne zum Winkel ε in der Zeichnung jeweils die angegebenen Winkel ein. Die Geraden g und h sind parallel.**

a) Scheitelwinkel (α)
b) Nebenwinkel (β)
c) Stufenwinkel (γ)
d) Wechselwinkel (δ)
e) Nachbarwinkel (ϕ)

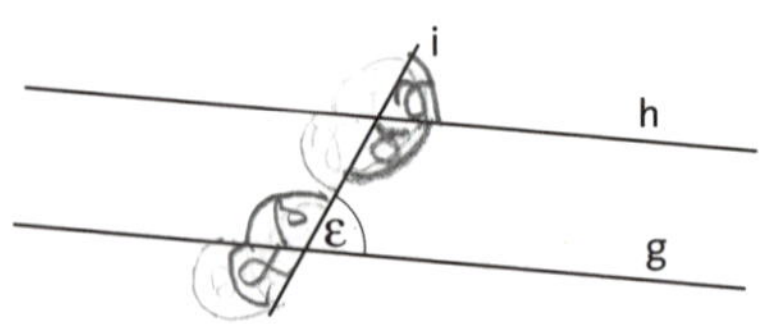

2 **Bestimme die Winkelgrößen ohne zu messen.**
Hinweis: g und h sind parallel, i schneidet g und h.

a)

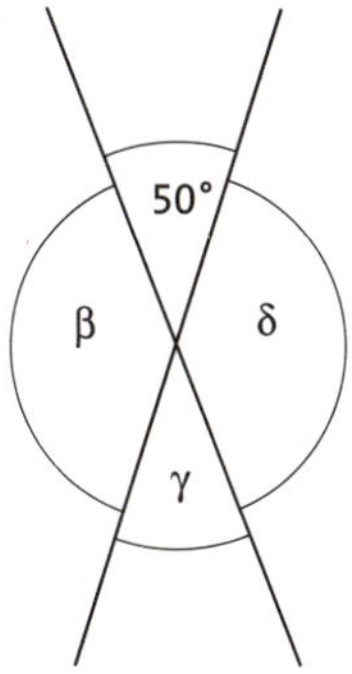

b)

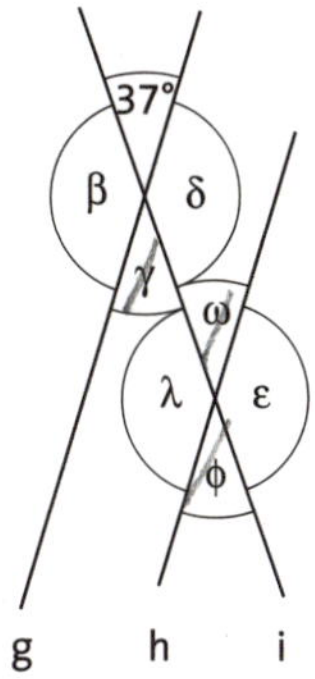

a)

α = 50°
β = 130°
γ = 50°
δ = 130°

b)

α = 37°
γ = 37°
ε = 134°
λ = 134°

β = 134°
δ = 134°
ϕ = 37°
ω = 37°

3 **Die Parallelen g_1 und g_2 werden von den Parallelen h_1 und h_2 geschnitten. Wie groß sind die Winkel β, γ, δ, ε und ϕ? Begründe deine Berechnungen.**
Achtung: Die Winkelmaße in der Zeichnung stimmen nicht. Messen lohnt sich nicht.

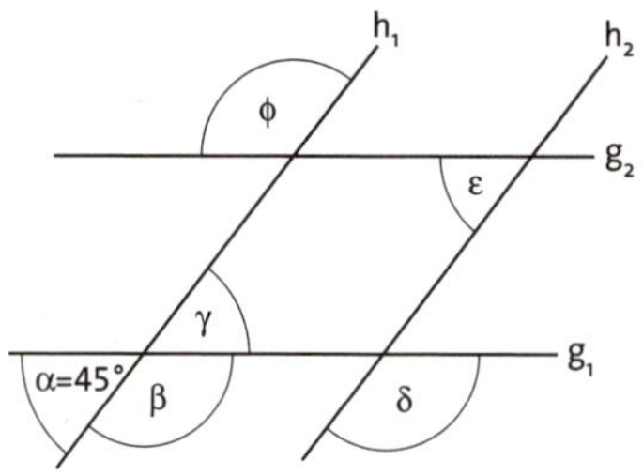

α = 45°
β = 135° Nebenwinkel zu α
γ = 45° Scheitelwinkel zu α
δ = 135° Stufenwinkel zu β
ε = 45° Stufenwinkel zu α
ϕ = 135 Wechselwinkel zu δ

Ebene Figuren und Körper

Für **ebene Figuren** gilt:

- Jede Figur wird von einer **geschlossenen Linie** begrenzt. Die Summe aller äußeren (Teil-)Linien bildet den **Umfang** (↑ S. 58) der Figur.
- Jede Figur umschließt eine **Fläche** (↑ S. 58). Dazu gehören alle Punkte innerhalb oder auf dem Rand der Figur.
- Jede Figur kann in Teilfiguren oder Teilflächen **zerlegt** werden.
- Figuren können aus mehreren Einzelfiguren **zusammengesetzt** sein.

Ein geometrischer **Körper** ist eine **räumliche Figur,** die vollständig durch ebene oder gekrümmte **Flächen begrenzt** ist. Jeder Körper

- hat drei Ausrichtungen. Beim Quader sind das z. B. **Länge, Breite** (Tiefe) und **Höhe.**
- besitzt einen **Oberflächeninhalt** (↑ S. 60).
- umschließt ein **Volumen (Rauminhalt,** ↑ S. 60).
- **Zusammengesetzte Körper** kannst du in Teilkörper zerlegen.

Ebene Figuren und Körper können **regelmäßig** oder **unregelmäßig** sein.
An allen ebenen Figuren und Körpern kannst du mit **Formeln** und deren Umformungen **Berechnungen** durchführen: z. B. zu Umfang, Fläche, Oberfläche, Volumen, Seiten-/Kantenlängen oder Abständen. Diese Größen gibst du in **Längen-, Flächen-** oder **Volumeneinheiten** an.

1 **Kreuze an, worum es sich bei den Abbildungen handelt: eine ebene Figur (F) oder einen Körper (K).**

a) ☐ F ☐ K

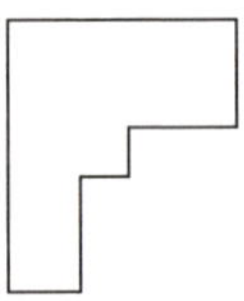

b) ☐ F ☐ K

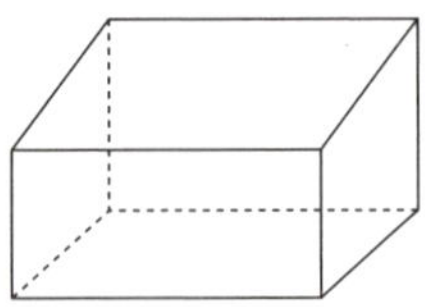

c) ☐ F ☐ K

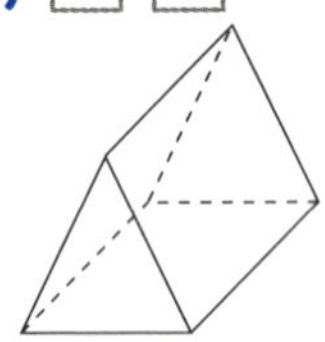

d) ☐ F ☐ K

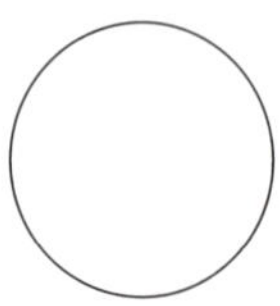

e) ☐ F ☐ K

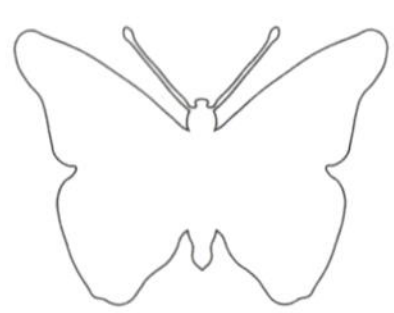

f) ☐ F ☐ K

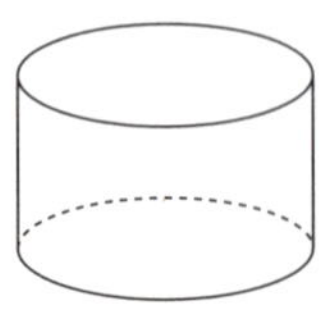

2 **Wie viele äußere Begrenzungsflächen und Außenkanten haben die Körper?**

a) Würfel

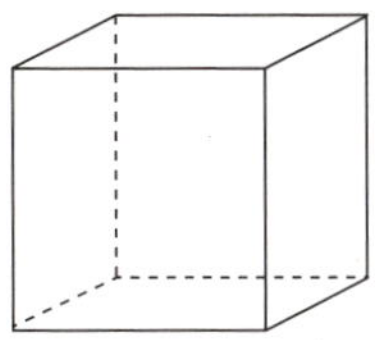

______ Flächen

______ Kanten

b) Prisma

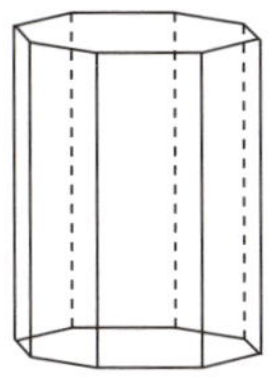

______ Flächen

______ Kanten

c) Zylinder

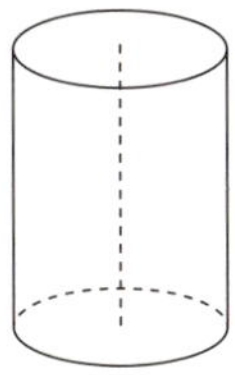

______ Flächen

______ Kanten

d) Quader

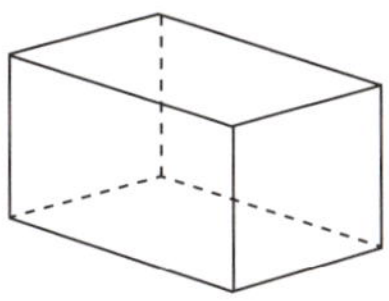

______ Flächen

______ Kanten

e) Pyramide

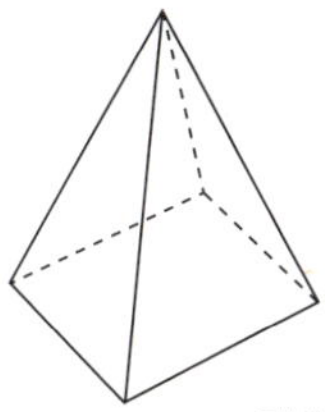

______ Flächen

______ Kanten

f) Kugel

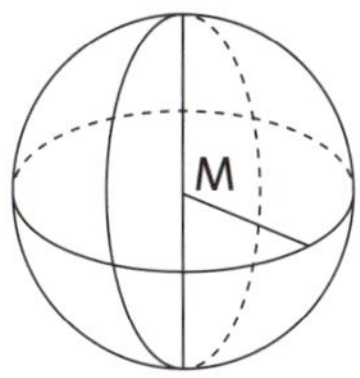

______ Flächen

______ Kanten

3 **Welche Einheiten kannst du zur Angabe unten stehender Figuren und Körper verwenden? Beginne mit der größten Einheit und schreibe in die Kästchen die Umrechnungszahl.**

a) Für den Umfang eines Parallelogramms:

km [1000] m [ ] ____ [ ] ____ [ ] ____ [ ] ____ [ ] ____

b) Für eine Dreiecksfläche:

____ [ ] ha [100] ____ [ ] ____ [ ] ____ [ ] ____ [ ] ____

c) Für den Rauminhalt eines Würfels:

____ [ ] ____ [ ] ____ [ ] ____ [ ] mm^3

Symmetrie und Kongruenz

Eine Figur, die du durch eine Achse in zwei spiegelbildliche Teilfiguren teilen kannst, ist **achsensymmetrisch** (spiegelsymmetrisch).
Eine Figur, die durch eine Spiegelung an einem Punkt (Symmetriepunkt) auf sich selbst abgebildet werden kann, ist **punktsymmetrisch.**

Figuren, die durch eine (geometrische) **Bewegung** (Spiegelung, ↑ S. 20, Drehung, ↑ S. 22, oder Verschiebung, ↑ S. 22) genau **auf sich selbst abgebildet** werden können, sind **zueinander kongruent.** Für kongruente Figuren gilt:

- Original und Bild haben die gleichen Abmessungen bzw. Längen.
- Flächeninhalt und Umfang von Original und Bild sind identisch.

Bewegt man ein **Original,** so entsteht sein **Bild.** Bildpunkte bezeichnet man durch einen Strich: Aus Punkt A des Originals wird im Bild Punkt A'.
Bewegt man auch das Bild eines Originals weiter, dann entsteht ein Bild des Bildes. Auch dieses ist kongruent zum Original. Bei jeder weiteren Bewegung erhalten die jeweiligen Bildpunkte einen weiteren Strich: Aus A' wird A".

1 **Zeichne alle Symmetrieachsen in die abgebildeten Figuren ein.**

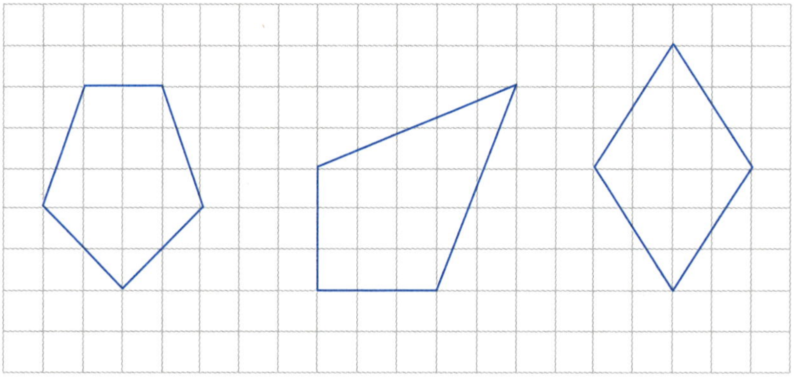

2 **Notiere, welche Figuren jeweils zueinander kongruent sind.**
Hinweis: Das Zeichen für Deckungsgleichheit ist ≅. Schreibe so: ABC ≅ …

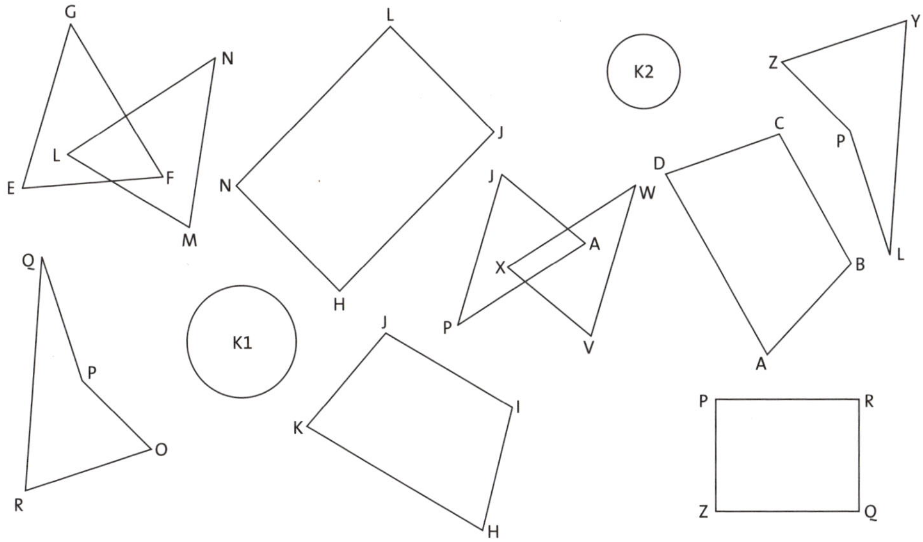

______ ______ ______ ______

3 **Notiere in deinem Übungsheft alle großen Druckbuchstaben des Alphabets (A, B, C …) und beantworte, welche Großbuchstaben haben …**

genau eine Symmetrieachse	zwei Symmetrieachsen	ein Symmetriezentrum
______	______	______
______	______	______

Strecken halbieren, Lote fällen und errichten

Willst du eine **Strecke halbieren,** dann kannst du entweder mit dem Lineal arbeiten oder deinen **Zirkel einsetzen:**

1. Zeichne um jeden der beiden Endpunkte der Strecke einen Kreis, dessen Radius größer ist als die halbe Streckenlänge.
2. Die Gerade durch die beiden Schnittpunkte der Kreise ist die **Mittelsenkrechte** zur Strecke.
3. Diese Mittelsenkrechte schneidet die Strecke genau in deren Mitte.

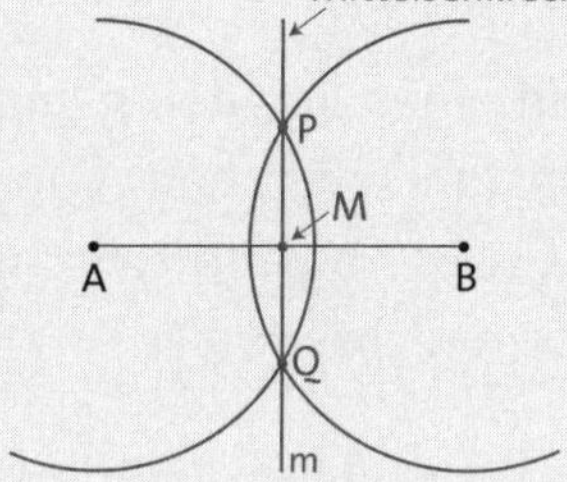

Willst du das **Lot von einem Punkt auf eine Gerade fällen,** gehe so vor:

1. Zeichne einen Kreis um den Punkt, dessen Radius größer ist als der Abstand zwischen dem Punkt und der Geraden. Dieser Kreis schneidet die Gerade in zwei Punkten.
2. Halbiere die Strecke zwischen den Schnittpunkten, indem du die Mittelsenkrechte errichtest. Sie ist das Lot auf die Gerade durch den Punkt.
3. Liegt der Punkt auf der Geraden, dann **errichtest** du **das Lot auf der Geraden durch den Punkt.** Der Konstruktionsweg ändert sich nicht.

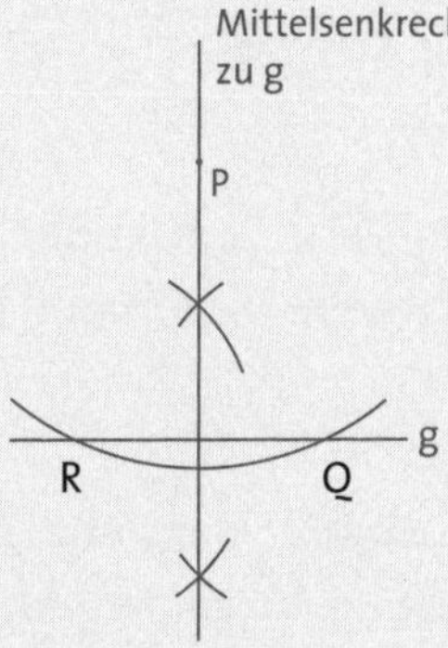

1 **Teile die abgebildete Strecke in 4 gleich lange Strecken.**

2 **Arbeite in deinem Übungsheft: Zeichne nacheinander folgende Punkte und Linien. Beschrifte vollständig. Arbeite vorwiegend mit dem Zirkel.**

a) Auf einer Geraden g liegen nacheinander folgende Punkte: Der Abstand zwischen A und C beträgt 6 cm. Punkt B teilt die Strecke $\overline{AC}$. Der Abstand zwischen B und D beträgt 7 cm. Der Punkt E liegt 2 cm rechts von D.

b) Von Punkt C aus befindet sich unterhalb der Geraden g der Punkt F auf einer parallel laufenden Geraden h in einem Abstand von 4 cm.

c) D ist der Mittelpunkt eines Kreises. Der Abstand aller Punkte auf der Kreislinie zum Mittelpunkt D beträgt 4 cm. Zeichne die Kreislinie.

d) Der Berührpunkt der Kreislinie mit der Geraden h ist der Punkt G. Markiere diesen und miss den Abstand zwischen F und G.

3 ***Fälle*** **ein Lot vom Punkt P auf die Gerade g und** ***errichte*** **ein Lot auf der Geraden g durch den Punkt Q.**

Winkel antragen und halbieren

Willst du einen **Winkel** α an einer anderen Halbgeraden **mit dem Zirkel antragen** (d. h. übertragen), gehe so vor:

1. Zeichne einen Kreis mit beliebigem Radius um den Scheitelpunkt des Winkels. Der Kreis schneidet die Schenkel des Winkels in den Punkten A und B.
2. Zeichne einen zweiten Kreis **mit demselben Radius** um den Scheitelpunkt P auf der anderen Halbgeraden. Der Kreis schneidet diese in einem Punkt Q.
3. Zeichne einen dritten Kreis um diesen Schnittpunkt Q mit dem Radius $\overline{AB}$. Er schneidet den Kreis im Punkt R.
4. Der Winkel ∢QPR hat die Größe α.

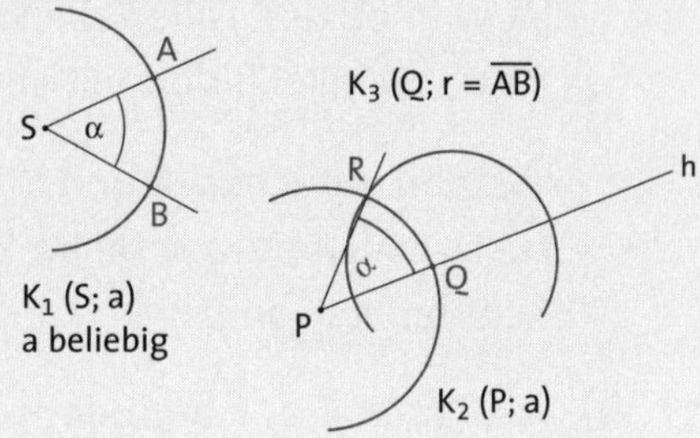

Willst du einen **Winkel mit dem Zirkel halbieren,** gehe so vor:

1. Zeichne einen Kreis um den Scheitelpunkt des Winkels. Dieser schneidet die beiden Schenkel in den Punkten A und B.
2. Konstruiere die **Mittelsenkrechte** (↑ S. 16) der Strecke $\overline{AB}$.
3. Diese Mittelsenkrechte ist die **Winkelhalbierende.**

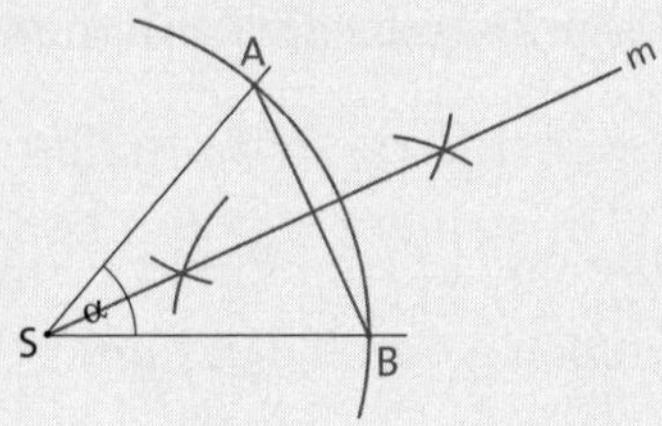

1 **Trage den abgebildeten Winkel α an die Gerade g um den Scheitelpunkt P an. Prüfe abschließend das Ergebnis deiner Konstruktion mit dem Winkelmesser.**

2 **Prüfe. Es ist dabei nur die Verwendung eines Zirkels erlaubt!**

a) Ist w in beiden Fällen die Winkelhalbierende?
b) Ist der Winkel β doppelt so groß wie α?

3 **Konstruiere einen Winkel ∢gh um den Scheitelpunkt S, der 45° beträgt. Arbeite dann an deiner Zeichnung weiter. Beschrifte korrekt. Auch bei dieser Aufgabe darfst du nur den Zirkel verwenden!**

a) Konstruiere ∢gf um den Scheitelpunkt S, der 22,5° beträgt.
b) Konstruiere ∢gk um den Scheitelpunkt S, der 67,5° beträgt.

Spiegeln

Willst du eine **Figur spiegeln,** dann genügt es bei regelmäßigen, geradlinig begrenzten Figuren, wenn du die **Eckpunkte spiegelst** und im Bild verbindest.

So gehst du bei einer **Punktspiegelung** vor:

1. Zeichne eine Gerade durch das Spiegelzentrum und den zu spiegelnden Originalpunkt.
2. Trage den Abstand zwischen dem Originalpunkt und dem Spiegelpunkt auf der anderen Seite der Geraden mit dem Zirkel ab und markiere den Bildpunkt.

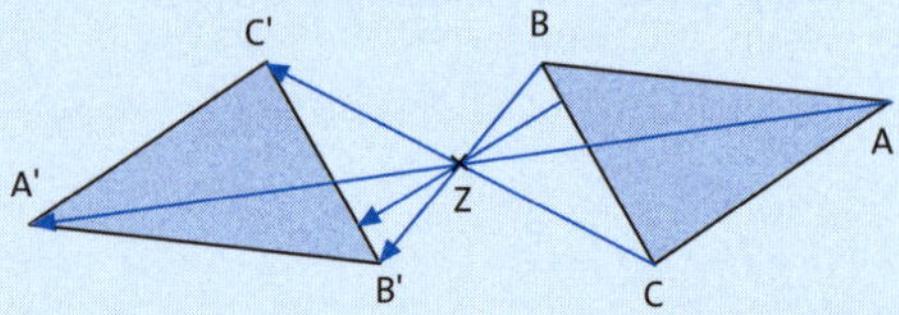

So gehst du bei einer **Achsenspiegelung** vor:

1. Fälle von jedem Originalpunkt das Lot (↑ S. 16) auf die Spiegelachse.
2. Verlängere das Lot auf die andere Seite der Spiegelachse.
3. Trage den Abstand zwischen dem Originalpunkt und dem Schnittpunkt zwischen Lot und Spiegelachse auf der anderen Seite der Spiegelachse mit dem Zirkel ab und markiere den Bildpunkt.

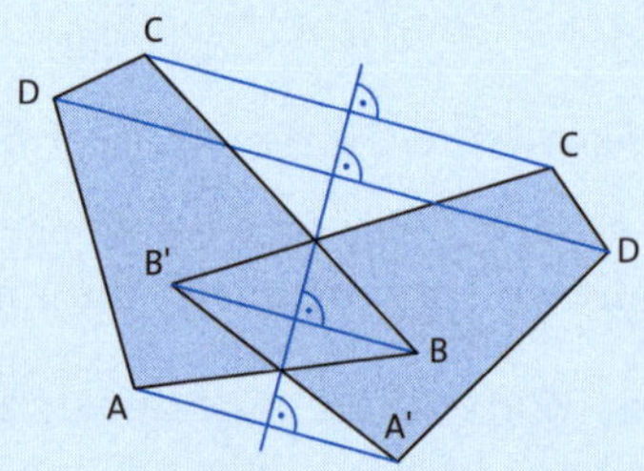

1 **Spiegle die blau markierten Figuren an der eingezeichneten Spiegelachse.**

a)

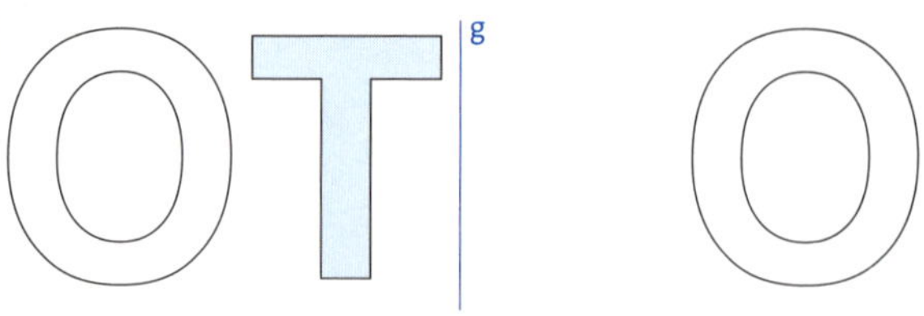

b)

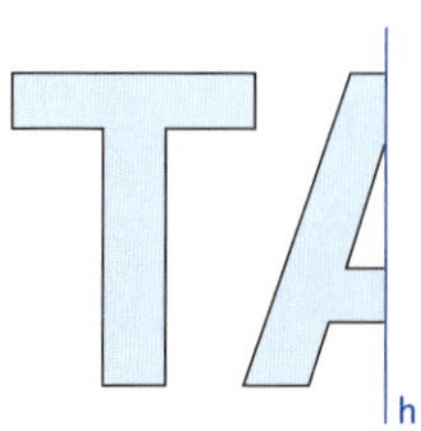

2 **Führe folgende Spiegelungen durch. Beschrifte die Bildpunkte korrekt.**

a) Spiegle das Trapez an der Achse, die durch die Punkte B und C geht.

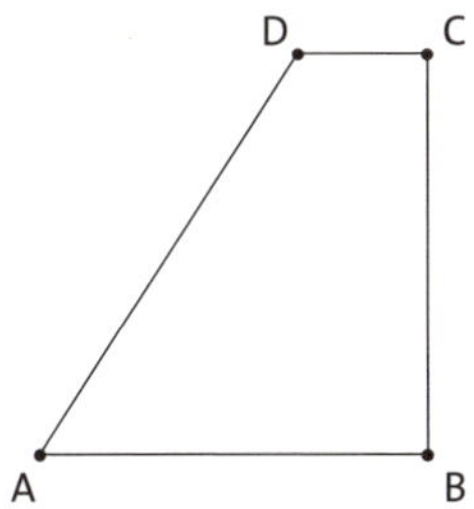

b) Spiegle die Figur am Mittelpunkt der Strecke BC.

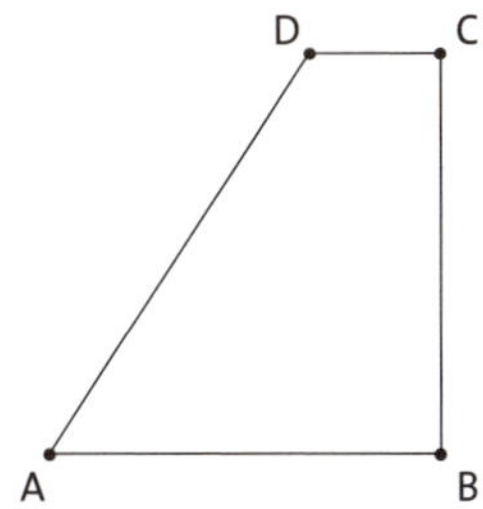

c) Spiegle die Figur am Mittelpunkt der Strecke $\overline{AD}$.

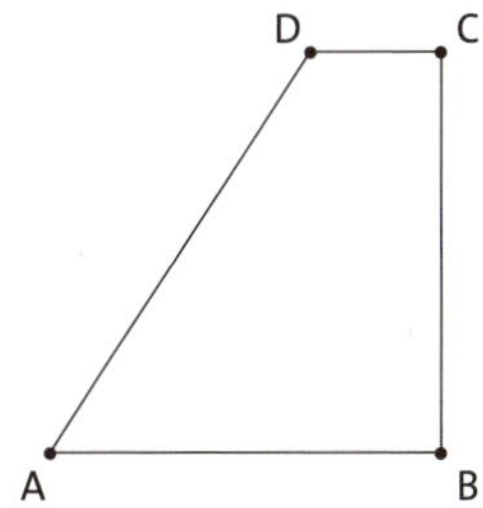

3 **Vervollständige die abgebildete Spielkarte, so dass eine punktsymmetrische Karte entsteht.**

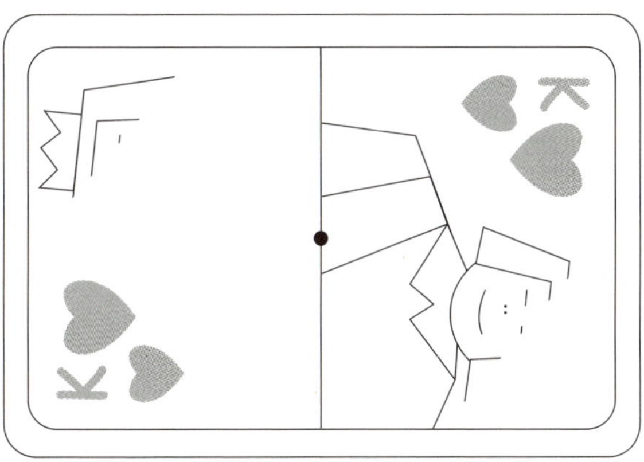

Verschieben und drehen

Willst du eine Figur verschieben oder drehen, dann genügt es bei regelmäßigen, geradlinig begrenzten Figuren, wenn du die **Eckpunkte verschiebst** oder **drehst** und im Bild verbindest.

Der **Verschiebungspfeil** $\vec{v}$ bestimmt die **Länge** und die **Richtung** der Verschiebung.

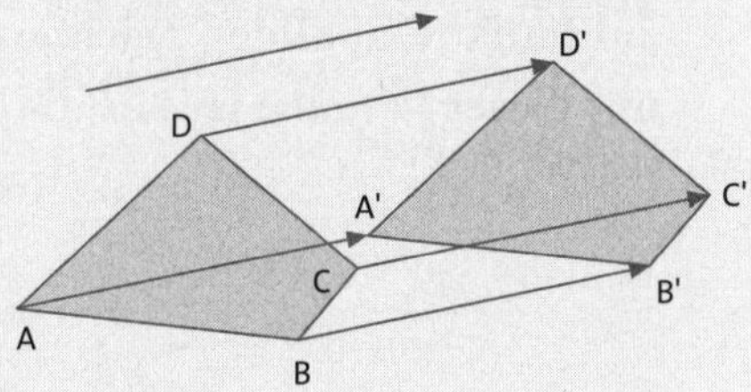

So gehst du bei einer Verschiebung vor:

1. Miss die Länge des Verschiebungspfeils.
2. Zeichne durch jeden Eckpunkt eine Parallele zum Verschiebungspfeil.
3. Trage die Länge des Verschiebungspfeils auf den Parallelen ab und markiere die Bildpunkte.

Bei einer Drehung wandern alle Punkte auf **Kreisbögen um das Drehzentrum (Drehpunkt).** Die „Länge“ der Drehung ist durch den **Drehwinkel** eindeutig festgelegt.

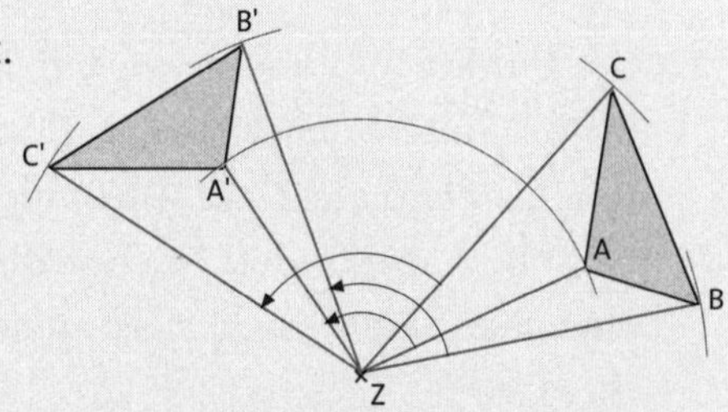

So gehst du bei einer Drehung vor:

1. Zeichne vom Drehpunkt durch jeden Eckpunkt eine Halbgerade (Strahl).
2. Trage darauf den Drehwinkel entgegen dem Uhrzeigersinn an.
3. Übertrage durch Abmessen oder mit dem Zirkel die Länge der Strecke zwischen Drehpunkt und den Eckpunkten auf die zweiten Schenkel und markiere darauf die Bildpunkte.

1 **In dem Muster kann man mehrere Verschiebungssymmetrien entdecken. Setze es entsprechend nach unten und rechts fort.**

Tipp: Konzentriere dich zuerst auf die Verschiebung nach rechts und danach auf die schräge Verschiebung nach unten.

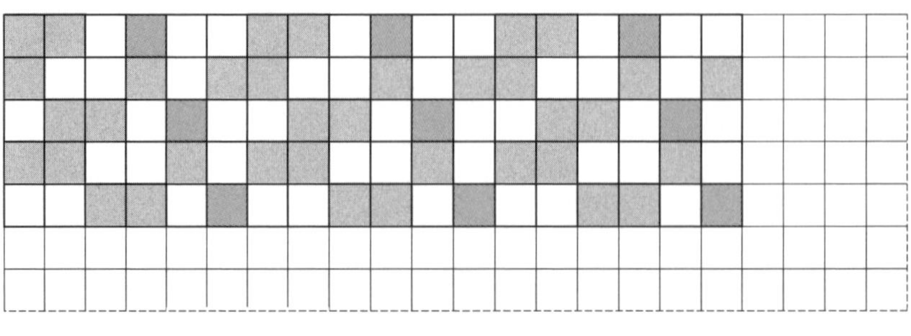

2 Es gibt zwei Verschiebungen: einmal eine Verschiebung, die Punkt A auf Punkt D abbildet und zum Zweiten eine Verschiebung, die Punkt D auf Punkt C abbildet. Zeichne dafür jeweils einen Pfeil und verschiebe mit dieser Vorgabe jeweils die gesamte Figur.

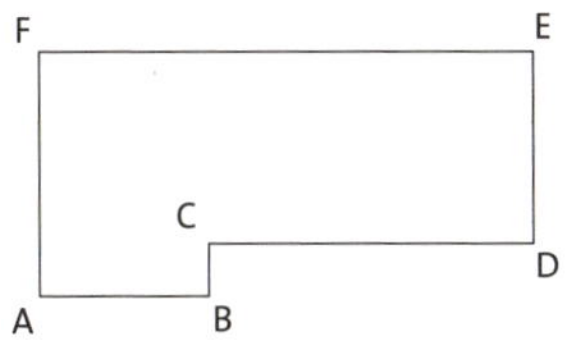

3 Die Punkte P, Q und R wurden jeweils mittels unterschiedlicher Drehwinkel um das Zentrum Z auf die Punkte P', Q' und R' abgebildet. Zeichne die einzelnen Drehwinkel ein und miss ihre Größe.

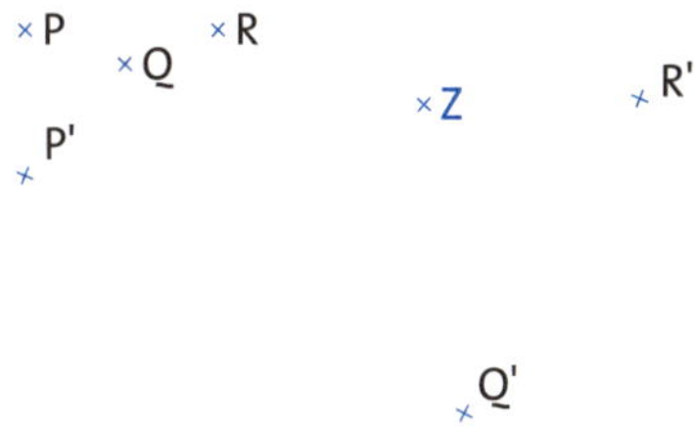

4 Zeichne in deinem Übungsheft ein Koordinatensystem. Trage darin die Punkte A (4|1), B (7|1), C (7|5) und Z (2|2) ein. Drehe das Dreieck ABC um den Punkt Z mit einem Drehwinkel von 50°. Wie lauten die Koordinaten der Bildpunkte?

A' (_____|_____)

B' (_____|_____)

C' (_____|_____)

Geraden und Punkte am Kreis

Eine Gerade und ein Kreis (↑ S. 4) haben **höchstens** zwei gemeinsame Punkte.

- Jede Verbindungsstrecke zwischen einem Punkt auf der Kreislinie und dem Mittelpunkt heißt **Radius** des Kreises.
- Eine Gerade, die einen Kreis in **keinem Punkt** berührt, heißt **Passante.**
- Eine Gerade, die einen Kreis in **genau einem Punkt (Berührpunkt)** berührt, heißt **Tangente.** Eine Tangente bildet mit dem **Berührradius** immer einen **rechten Winkel.**
- Eine Gerade, die einen Kreis in **zwei Punkten** schneidet, heißt **Sekante.**
- Eine Strecke, die zwei Punkte auf der Kreislinie verbindet, heißt eine **Sehne** des Kreises.
- Eine Sehne, die durch den **Kreismittelpunkt** geht, heißt **Durchmesser.** Der Durchmesser ist doppelt so lang wie der Radius eines Kreises.
- Ein **Kreisbogen** ist ein durch zwei Punkte begrenztes Stück der Kreislinie.

1 **Wie nennt man die Geraden und Punkte in der Abbildung?**

p = ____________________

r = ____________________

t = ____________________

M = ____________________

T = ____________________

$\overline{AB}$ = ____________________

d = ____________________

s = ____________________

b = ____________________

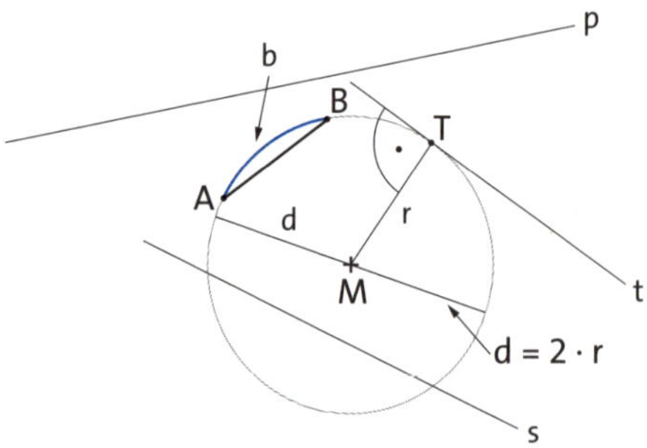

2 **Zeichne in einen Kreis mit einem Radius von 2 cm ein beliebiges Rechteck, das die Kreislinie in allen 4 Eckpunkten berührt. Geh so vor:**

a) Zeichne eine Sehne AB beliebiger Länge.
b) Zeichne zwei weitere Sehnen, die jeweils durch einen der beiden Punkte A und B der ersten Sehne und den Mittelpunkt M verlaufen.
c) Verbinde die Schnittpunkte zwischen den Sehnen und der Kreislinie.

× M

3 **Konstruiere eine Tangente, die den abgebildeten Kreis im Randpunkt T berührt. Geh so vor:**

a) Verlängere den Radius zwischen M und T über die Kreislinie hinaus.
b) Zeichne einen Kreis um T, dessen Radius kleiner ist als der Abstand zwischen M und T. Dieser Kreis schneidet die Halbgerade (den verlängerten Radius) in den zwei Punkten A und B. Trage die Punkte ein.
c) Konstruiere die Mittelsenkrechte zur Strecke AB, sie ist die gesuchte Tangente. Tangente und Radius stehen senkrecht zueinander.

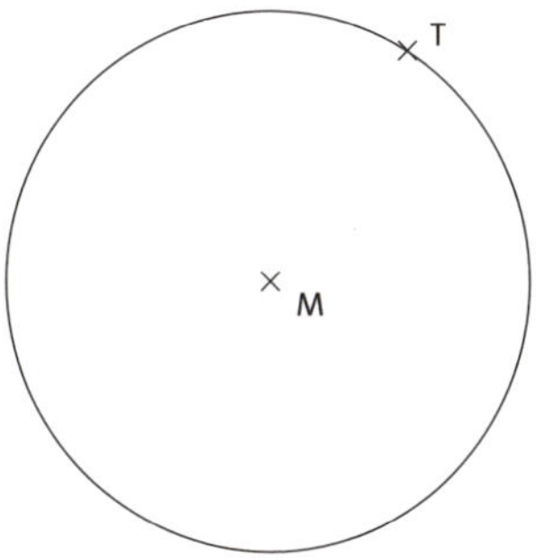

Winkel und Winkelsätze am Kreis

Ein Winkel heißt **Mittelpunktswinkel** (Zentriwinkel), wenn sein Scheitelpunkt (↑ S. 8) im Mittelpunkt eines Kreises liegt.
Ein Winkel heißt **Umfangswinkel** (Peripheriewinkel), wenn sein Scheitel auf dem Kreis liegt und die Schenkel den Kreis schneiden.
Ein Winkel heißt **Sehnentangentenwinkel,** wenn sein Scheitel auf dem Kreis liegt und ein Schenkel den Kreis schneidet, der andere den Kreis berührt.
Am Kreis gelten bestimmte Winkelsätze:

- **Mittelpunktswinkelsatz:** Über jedem **Kreisbogen** (bzw. über jeder Sehne) ist der Mittelpunktswinkel doppelt so groß wie der Umfangswinkel (1).
- **Umfangswinkelsatz:** Alle Umfangswinkel über demselben Kreisbogen (über derselben Sehne) sind gleich groß (2).
- **Sehnentangentenwinkelsatz:** Ein Sehnentangentenwinkel gleicht dem Umfangswinkel auf der anderen Sehnenseite (3).
- **Satz des Thales:** Alle Umfangswinkel über einem Kreisdurchmesser sind rechte Winkel (4).

(1)

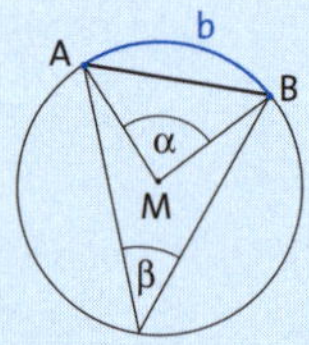

$\alpha = 2 \cdot \beta$

(2)

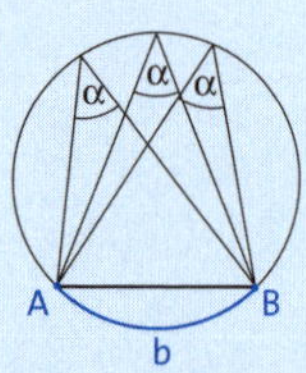

(3)

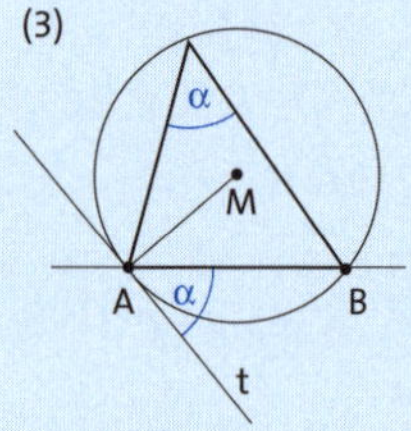

(4)

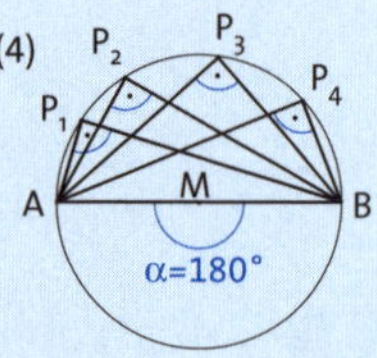

1 **Zeichne zwei Kreise mit dem Radius 4 cm.**

a) Zeichne in den ersten Kreis eine Sehne von 7 cm Länge und zeichne auf jeder Seite der Sehne 3 Umfangswinkel. Miss die Größe der Umfangswinkel und vergleiche sie.

b) Zeichne in den zweiten Kreis eine Sehne von 8 cm Länge und zeichne auf jeder Seite der Sehne 3 Umfangswinkel. Miss die Größe der Umfangswinkel und vergleiche sie.
Was fällt dir auf? Warum ist das so?

2 **Um welche Winkelart handelt es sich und wie groß sind die Winkel?**

Winkel	Winkelart	Winkelgröße
α		
β		
γ		

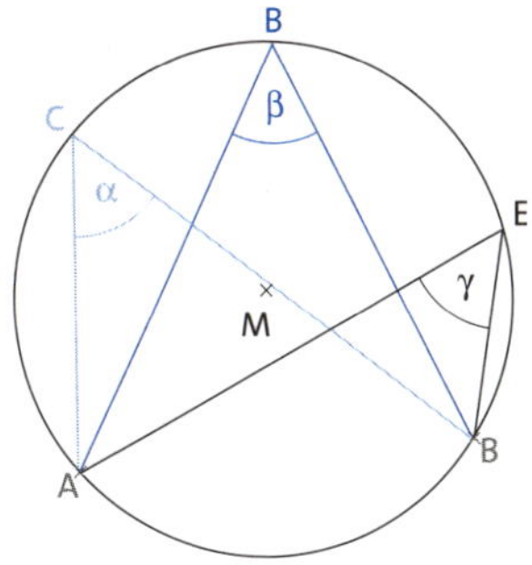

3 **Zeichne in das Koordinatensystem einen Kreis mit dem Mittelpunkt M (–2|–3) ein, auf dem der Punkt T (1|1) liegt. Beschrifte vollständig!**

a) Konstruiere die Tangente t, die durch T verläuft (↑ S. 25; A3).

b) Zeichne die Sekante s, die parallel zur y-Achse und durch T verläuft. Beschrifte den zweiten Schnittpunkt von Sekante und Kreis mit S. Gib die Koordinaten von S an. Wie groß sind der Sehnentangentenwinkel γ und der Mittelpunktswinkel α?

c) Trage den Punkt P (–6|0) ein und gib die Größe des Umfangswinkels β an.

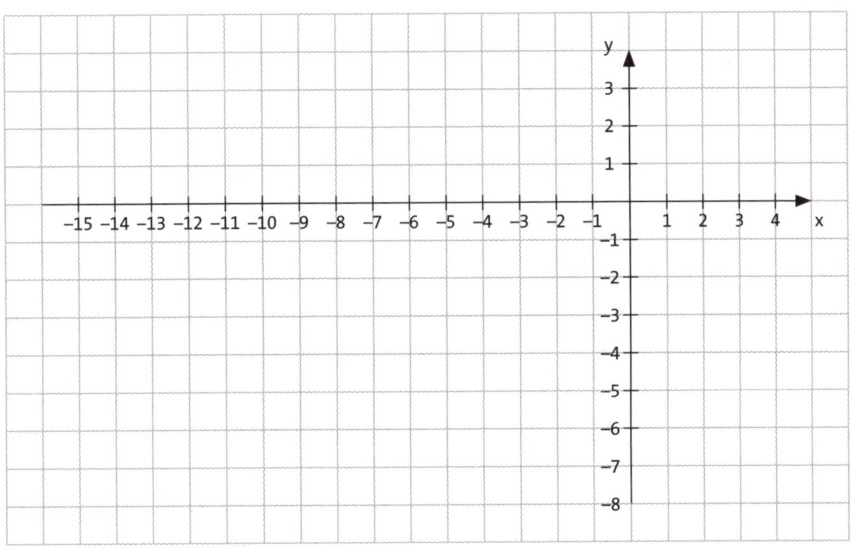

Dreiecksarten

Drei Punkte, die nicht auf einer Geraden liegen, bestimmen ein **Dreieck.** Sie heißen **Ecken** des Dreiecks und werden meistens mit A, B, C bezeichnet.
Die Verbindungsstrecken zwischen je zwei Ecken bilden die **Seiten** des Dreiecks, die man meistens mit a, b, c bezeichnet: $\overline{BC} = a$; $\overline{CA} = b$; $\overline{AB} = c$.
Je zwei Seiten schließen die **Innenwinkel** ein, die man meistens mit α, β, γ bezeichnet: α am Punkt A; β am Punkt B; γ am Punkt C.
Für jedes Dreieck gilt:

- Die Summe der Länge zweier Seiten ist immer größer als die Länge der dritten Seite (**Dreiecksungleichung**): $a + b > c$; $a + c > b$; $b + c > a$.
- Der größeren Seite liegt immer der größere Winkel gegenüber.

Gleichschenklige Dreiecke haben 2 gleichlange Seiten. Im gleichschenkligen Dreieck sind die Basiswinkel gleich groß **(Basiswinkelsatz).**

Gleichseitige Dreiecke haben 3 gleichlange Seiten. In gleichseitigen Dreiecken sind die Innenwinkel gleich groß, also jeweils 60°.

Gleichschenklige und gleichseitige Dreiecke sind **achsensymmetrisch** (↑ S. 14 und 20).

1 **Beschrifte am abgebildeten Dreieck alle Eckpunkte, Seiten und Innenwinkel (in der meist gebrauchten Schreibweise). Miss die Seitenlängen und prüfe, ob die Dreiecksungleichung stimmt.**

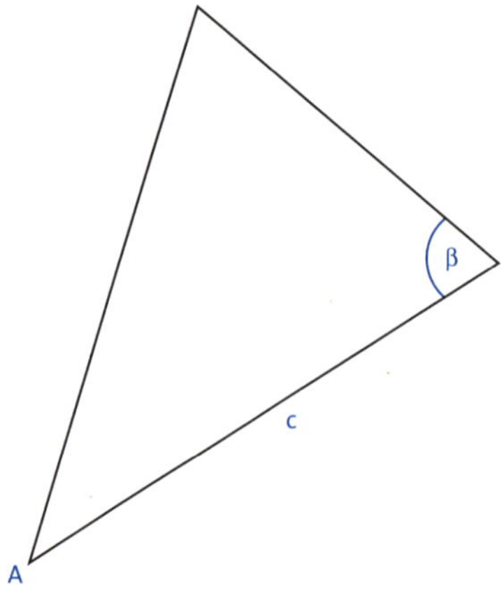

a = ______ cm   b = ______ cm   c = ______ cm

Fortsetzung auf S. 37

LÖSUNGSHEFT zum Herausnehmen

(Öffne dazu die beiden äußeren Klammern in der Buchmitte.
Die mittlere Klammer hält den Lösungsteil auch nach Entnahme zusammen.)

1 Grundbegriffe

Seite 4–5

1 $\overline{AB}, \overline{AC}, \overline{AD}, \overline{AE}, \overline{BC}, \overline{BD}, \overline{BE}, \overline{CD}, \overline{CE}, \overline{DE}$

2 *Lösungsvorschlag:*
Halbgeraden = schwarz; Geraden = hellblau;
Strecken = dunkelblau.

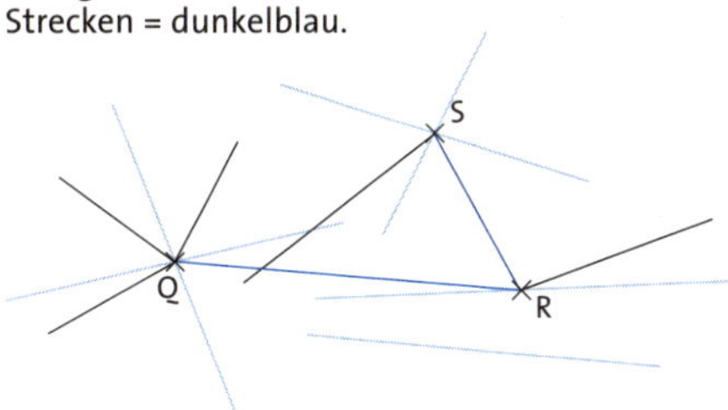

3

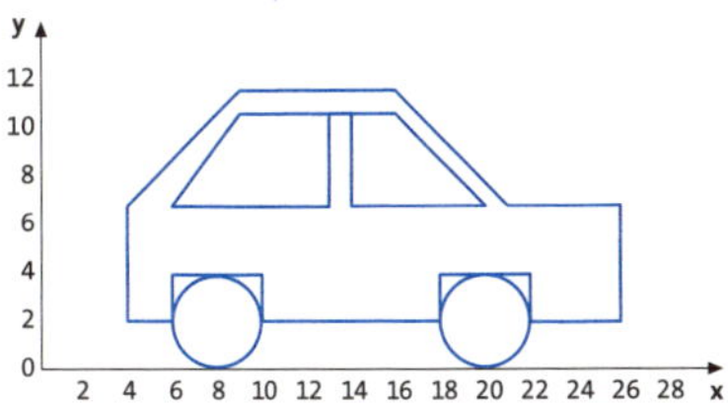

Seite 6–7

1 **a)** $\overline{AB}$ = 5 cm; **b)** $\overline{BC}$ = 7 cm; **c)** $\overline{AE}$ = 7 cm;
d) $\overline{CF}$ = 2 cm; **e)** $\overline{AF}$ = 5,6 cm; **f)** $\overline{DE}$ = 4,5 cm
Innerhalb des Kreises liegen die Punkte C und F.

2

Geraden durch	1 Schnittpunkt	kein Schnittpunkt	identisch	parallel	senkecht
AB und CE		×		×	
BC und AD	×				
CF und BD	×				
CF und BE	×				×
DF und CE			×	×	
AD und BF		×		×	

3 zueinander parallele Geraden: a | | b, a | | c,
b | | c, h | | e
zueinander senkrechte Geraden: a⊥h, a⊥e,
b⊥h, b⊥e, c⊥h, c⊥e, d⊥f
Abstand M zu d beträgt 2,65 cm.

Seite 8–9

1 **a)** $\alpha = 45°$ (spitz); **b)** $\beta = 135°$ (stumpf);
c) $\gamma = 90°$ (rechter Winkel); **d)** $\delta = 290°$ (überstumpf)

2 **a)**

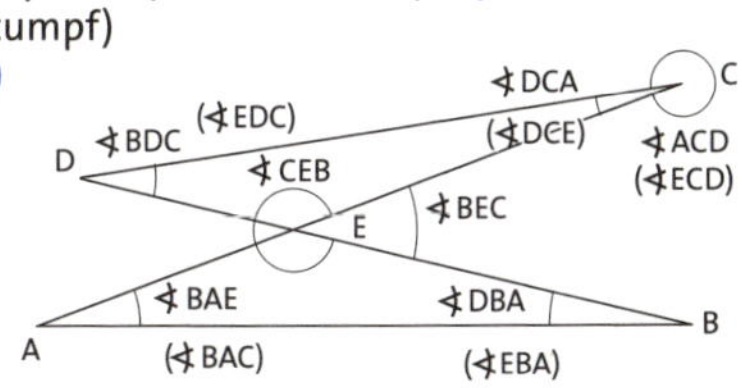

b)

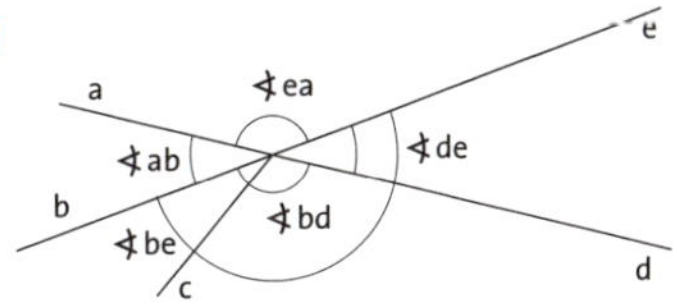

3 **a)** **b)** **c)** **d)** **e)** **f)**

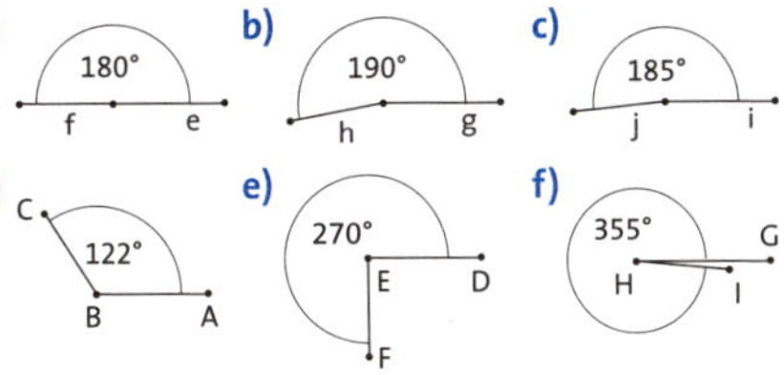

überstumpfe Winkel: **b)**; **c)**; **e)**; **f)**
stumpfer Winkel: **d)**

Seite 10–11

1

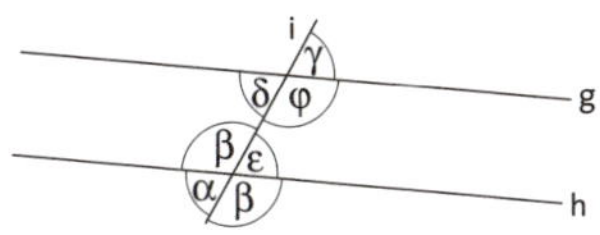

2 **a)** $\gamma = 50°; \beta = \delta = 130°$
b) $\gamma = \phi = \omega = 37°; \beta = \delta = 143°;$
$\lambda = \varepsilon = \beta = \delta = 143°$

3 $\beta = 135°; \gamma = \alpha = 45°; \delta = \beta = 135°; \phi = \beta = 135°;$
$\varepsilon = \gamma = 45°$

Seite 12–13

1 Figuren sind **a)**, **d)**, **e)**; Körper sind **b)**, **c)**, **f)**.

2 **a)** 6 Flächen, 8 Kanten; **b)** 10 Flächen, 24 Kanten; **c)** 3 Flächen, 2 Kanten; **d)** 6 Flächen, 8 Kanten; **e)** 5 Flächen, 8 Kanten; **f)** 1 Fläche, 0 Kanten

3 **a)** km → **1000** → m → **10** → dm → **10** → cm → **10** → mm
b) km^2 → **100** → ha → **100** → a → **100** → m^2 → **100** → dm^2 → **100** → cm^2 → **100** → mm^2
c) km^3 → **1000** → m^3 → **1000** → dm^3 → **1000** → cm^3 → **1000** → mm^3

Seite 14–15

1

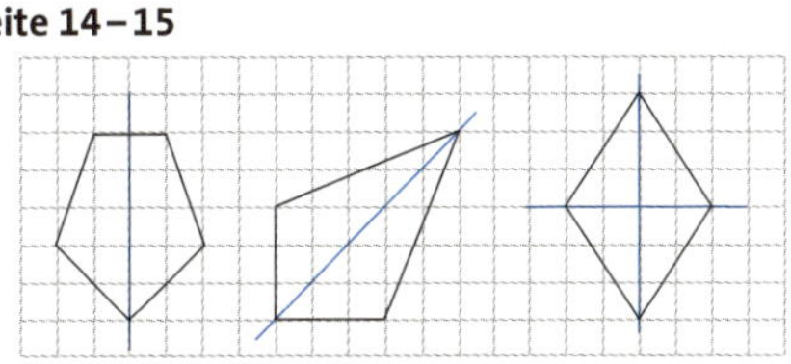

2 ABCD ≅ HIJK; EFG ≅ LMN; OPQR ≅ ZPLY; VWX ≅ JPA

3 eine Symmetrieachse: A, B, C, D, E, K, M, T, U, V, W, Y
zwei Symmetrieachsen: H, I, O, X
Symmetriezentrum: H, I, N, O, S, X, Z

2 Konstruktionen

Seite 16–17

1 1. Halbiere die Strecke $\overline{AB}$. Die Mittelsenkrechte schneidet $\overline{AB}$ in C.
2. Halbiere $\overline{AC}$ und $\overline{CB}$.

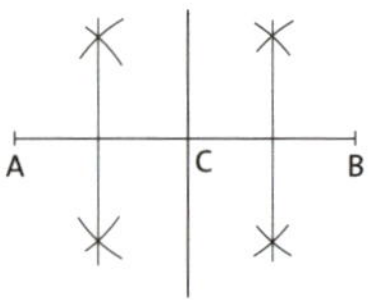

2 **a), b), c), d)**

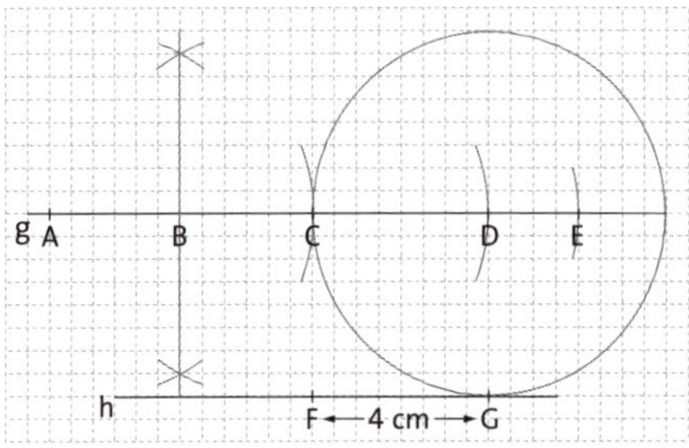

3

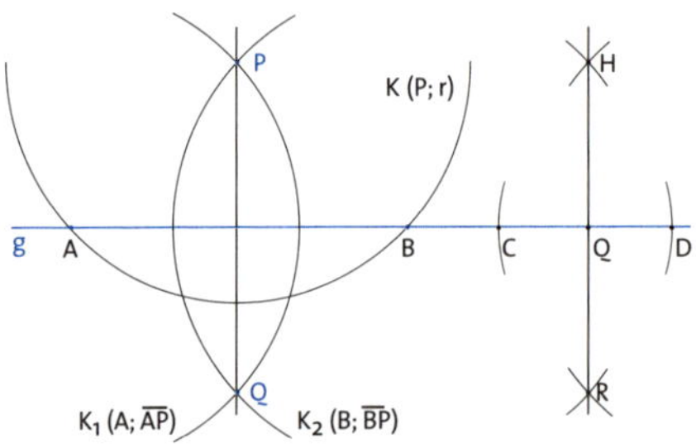

Seite 18–19

1 Der angetragene Winkel muss 60° groß sein.

2 **a)** Der Winkel α wird durch w nicht halbiert. Der Winkel β wird durch w halbiert.

b) β wird durch w halbiert und daher ist zu prüfen, ob sich α auf den Winkel $\frac{1}{2}\beta = \sphericalangle\,(s_1, w)$ *übertragen* lässt.

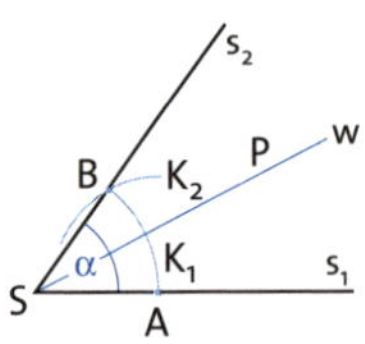

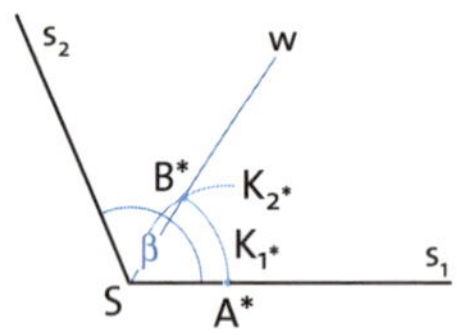

1. K_1 und K_1* haben den gleichen Radius r_1 und damit sind die Strecken SA, SA*, SB und SB* gleich lang.
2. $K_2(A; r_2)$ und K_2*(A*; r_2) haben den gleichen Radius $r_2 = \overline{AB}$, daher legen B und B* gleiche Winkelmaße fest.
3. B* liegt auf w, somit gilt: $\beta = \frac{1}{2}\alpha$.

3 1. Konstruiere einen rechten Winkel, d. h. errichte ein Lot auf S. ➲ 2. Halbiere den rechten Winkel. ➲ 3. Der Winkel $\sphericalangle$ FSM ist ein 45°-Winkel.

a) Halbiere einen 45°-Winkel.

b) 1. Konstruiere einen 90°-Winkel. ➲ 2. Halbiere den 90°-Winkel. Du erhältst zwei 45°-Winkel: $\sphericalangle$ FSM und $\sphericalangle$ MSE. ➲ 3. Halbiere den Winkel $\sphericalangle$ MSE. ➲ 4. Die Winkelhalbierende W des Winkels $\sphericalangle$ MSE schneidet ME im Punkt M'. ➲ 5. Der Winkel $\sphericalangle$ FSM' ist ein Winkel von 67,5°.

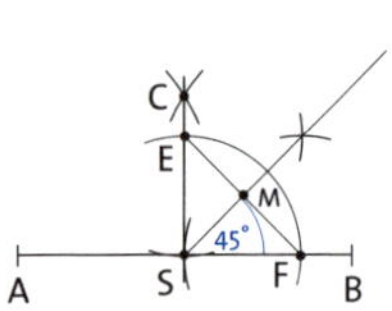

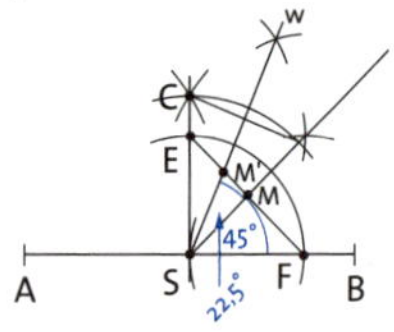

Seite 20–21

1 **a)** OTTO; **b)** TAT

2 **a)**

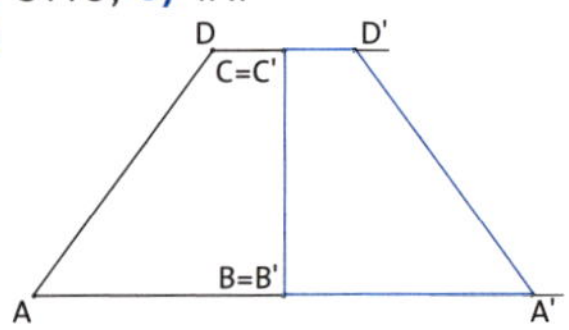

b)

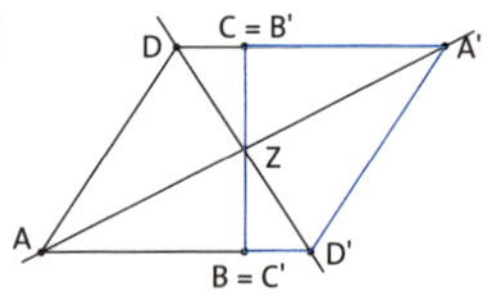

c)

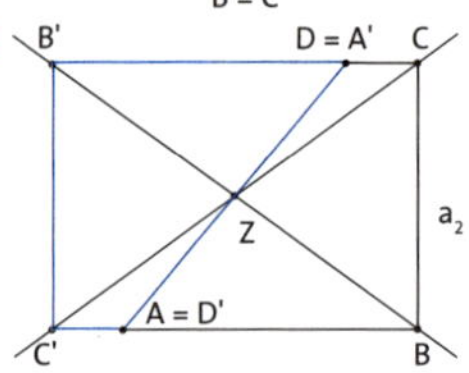

3

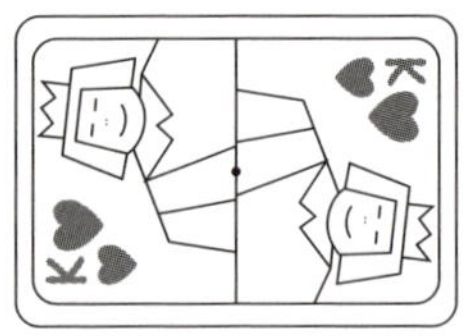

Seite 22–23

1

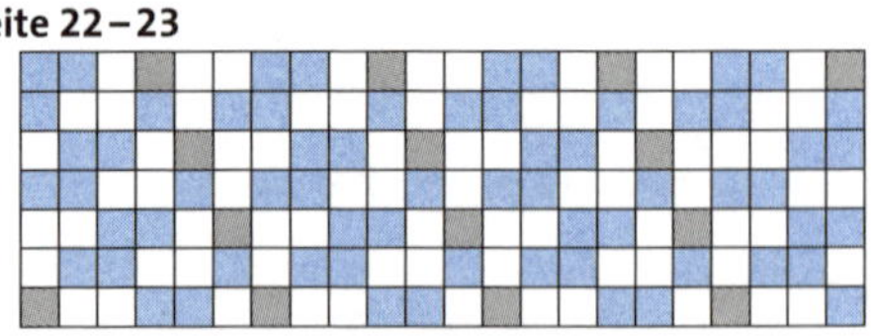

2

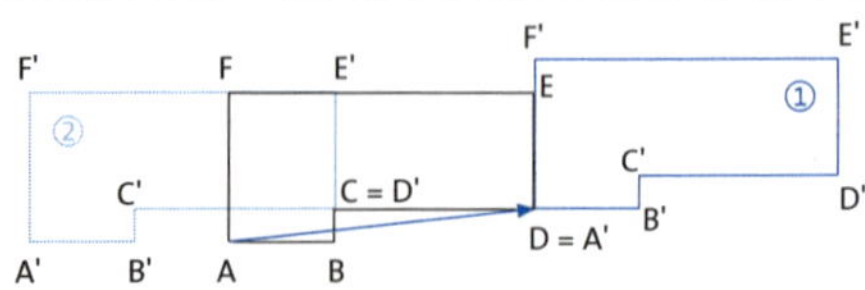

3 Winkel PZP' = 20°; Winkel QZQ' = 105°; Winkel RZR' = 200°

4 A' (4,1|2,9); B' (6|5,2); C' (2,9|7,8)

Seite 24–25

1 p = Passante; r = Radius; t = Tangente; M = (Kreis-) Mittelpunkt; T = Berührpunkt; $\overline{AB}$ = Sehne; d = Durchmesser; s = Sekante; b = Kreisbogen (Teil der Kreislinie)

2

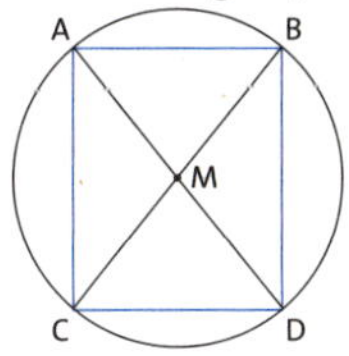

3

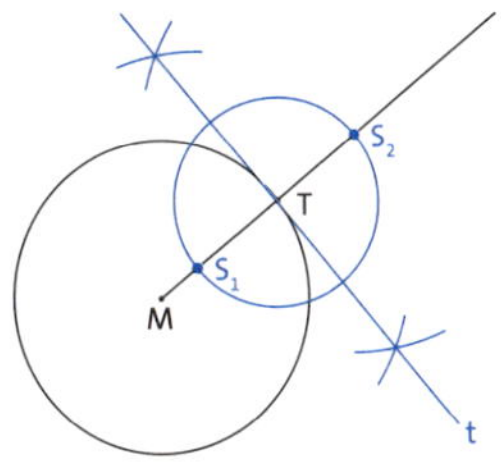

Seite 26–27

1 **a)** Die Umfangswinkel auf derselben Seite der Sehne sind gleich groß. Je zwei Umfangswinkel, die nicht auf derselben Seite der Sehne liegen, ergänzen sich zu 180°.

b) Alle Umfangswinkel sind 90°-Winkel, da eine Sehne von 8 cm Länge in diesem Kreis ein Durchmesser ist (Satz des Thales).

a)

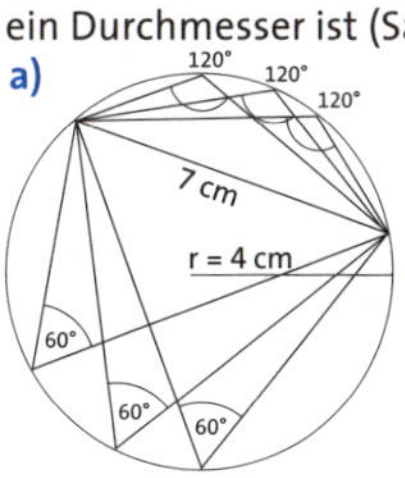

b)

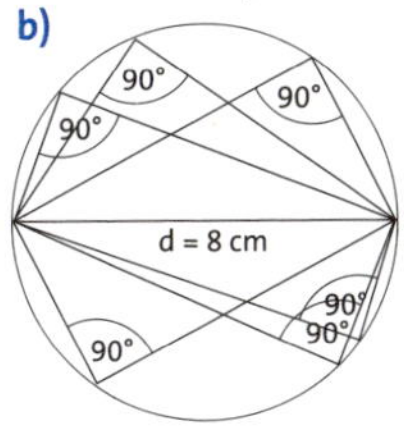

2 α, β, γ sind Umfangswinkel und alle gleich groß, nämlich 53°. Die Umfangswinkel über demselben Kreisbogen sind alle gleich groß.

3 **a)** 1) Die Halbgerade h läuft von M aus durch T. 2) K(T; r) schneidet h in A und B. 3) $K_1(A; r^*)$ und $K_2(B; r^*)$ schneiden sich in C und D. 4) Die Gerade t durch C und D berührt K in T.

b) S (1 | –7); $\gamma = 54°$; $\alpha = 108°$

c) $\beta = 54°$

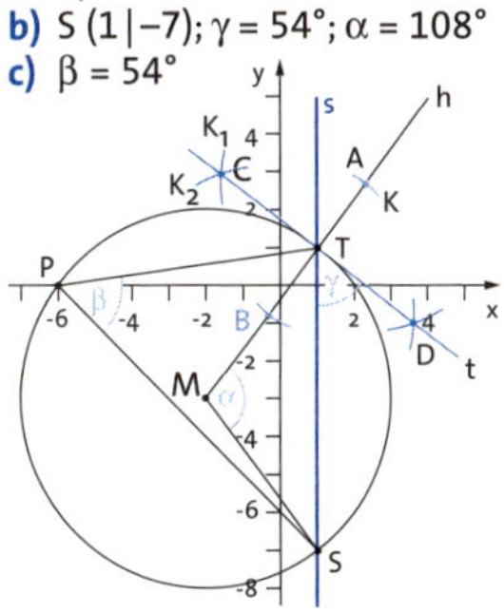

3 Dreiecke und Vierecke

Seite 28/37

1 a = 3,8 cm; b = 5,5 cm; c = 5,4 cm

2 möglich: **a)**, **b)**; nicht möglich: **c)**, **d)**

3 Die Innenwinkel bleiben trotz Veränderung der Schenkellängen gleich groß. Das Dreieck bleibt durch die Parallelverschiebung der Basis ein gleichseitiges Dreieck.

4

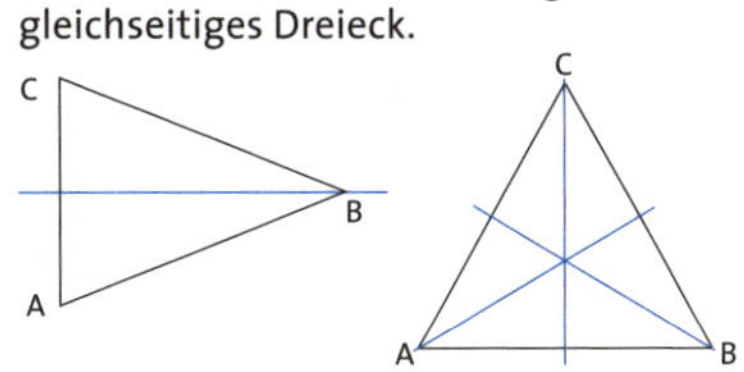

Seite 38–39

1 Es gilt: $\alpha + \beta + \gamma = 180°$.

a) $\gamma = 70°$ (spitzwinkliges Dreieck)

b) $\alpha = 92°$ (stumpfwinkliges Dreieck)

c) $\beta = 116{,}9°$(stumpfwinkliges Dreieck)

d) $\gamma = 90°$ (rechtwinkliges Dreieck)

e) $\alpha = 90°$ (rechtwinkliges Dreieck)

2 $\beta = 65°$; $\gamma = 50°$; $\delta = 115°$; $\varepsilon = 30°$

3 **a)** $\alpha = 60° \rightarrow \beta = 180° - 60° - 90° = 30°$
$\rightarrow \gamma_2 = 30° \rightarrow \gamma_1 = 60°$
$\rightarrow \varepsilon = 180° - 30° - 30° = 120°$
$\rightarrow \delta = 60°$

b) $\varepsilon = 110° \rightarrow \delta = 70°$
$\rightarrow \gamma_2 = \beta = (180° - 110°) / \alpha = 35°$
$\rightarrow \gamma_1 = 55°$
$\rightarrow \alpha = 180° - 70° - 55° = 55°$

c) $\gamma_1 = 65° \rightarrow \gamma_2 = 25° = \beta$
$\rightarrow \varepsilon = 180° - 25° - 25° = 130°$
$\rightarrow \delta = 50°$
$\rightarrow \alpha = 180° - 50° - 65° = 65°$

d) $\delta = 54{,}5° \rightarrow \varepsilon = 125{,}5°$
$\rightarrow \beta = \gamma_2 = (180° - 125{,}5°) / \alpha = 27{,}25°$
$\rightarrow \gamma_1 = 62{,}75°$
$\rightarrow \alpha = 180° - 54{,}5° - 62{,}75° = 62{,}75°$

4 **a)** $\beta = 78°$; $\beta' = 102°$; **b)** $\beta = 42°$; $\beta' = 138°$;
c) $\beta = 60°$; $\beta' = 120°$

Seite 40–41

1

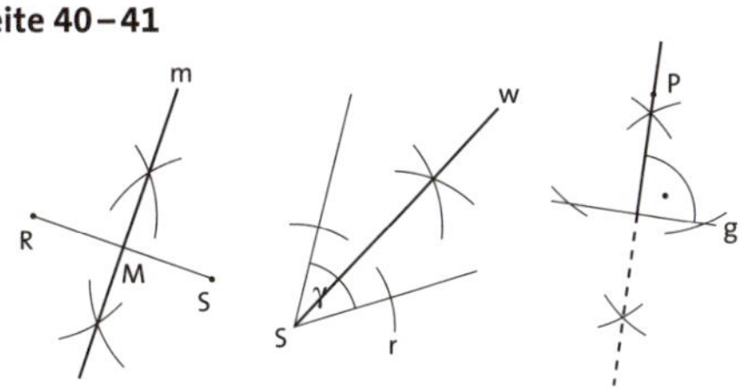

2

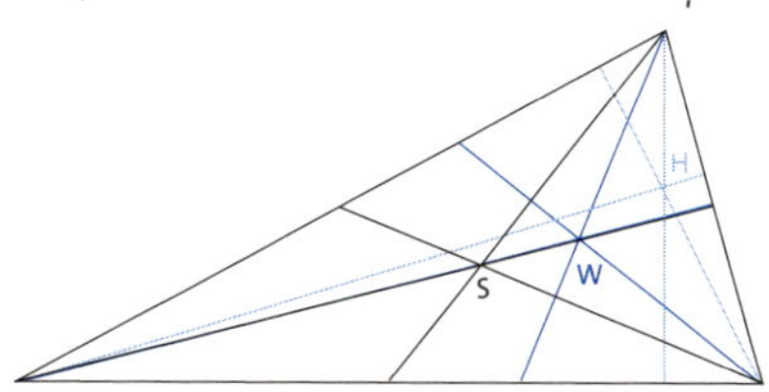

LÖSUNGSTEIL

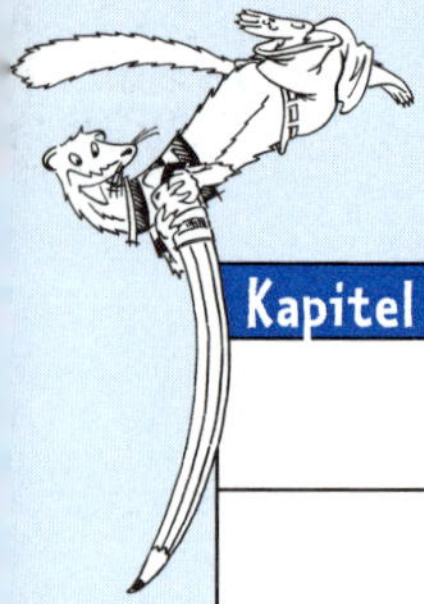

Lernkalender von ....

Kapitel	Datum	Zeit	OK	W
			☐	☐
			☐	☐
			☐	☐
			☐	☐
			☐	☐
			☐	☐
			☐	☐
			☐	☐
			☐	☐
			☐	☐
			☐	☐
			☐	☐
			☐	☐
			☐	☐
			☐	☐
			☐	☐

- Damit du beim Üben nicht den Überblick verlierst, kannst du mit deinem ganz persönlichen Lernkalender genau festhalten, wann du welche Einheit bearbeitet hast. Trage dazu das Kapitel, das Datum und die Zeit, die du benötigt hast, ein.
- Hake dann ab, ob du mit deinem Übungsergebnis zufrieden warst (**OK**) oder ob du diesen Teil noch einmal wiederholen möchtest (**W**).

DUDEN

Kapitel	Datum	Zeit	OK	W
			☐	☐
			☐	☐
			☐	☐
			☐	☐
			☐	☐
			☐	☐
			☐	☐
			☐	☐
			☐	☐
			☐	☐
			☐	☐
			☐	☐
			☐	☐
			☐	☐
			☐	☐
			☐	☐

Denk dran: Nimm dir nicht zu viel für einen Tag vor und lerne lieber regelmäßig in kleinen Portionen!
Natürlich kannst du deinen Lernkalender auch für andere Bücher verwenden, wenn du z. B. mit deinem Schulbuch für die nächste Klassenarbeit lernst.
TIPP: Plane hier vor und hake dann nach und nach ab.

3 a) und c)

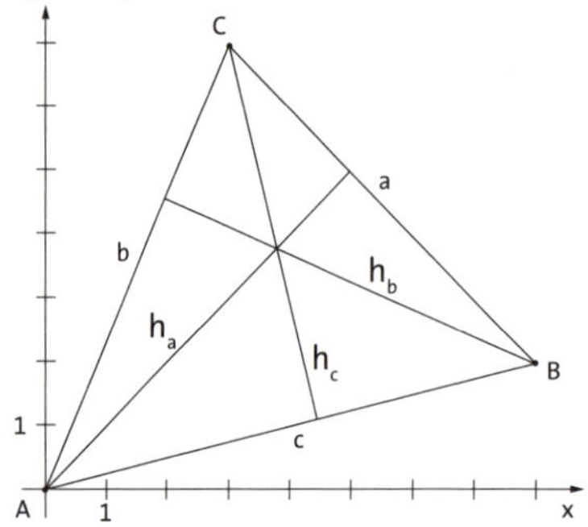

b) und d)

	a	b	c
Seitenlänge	7,0 cm	7,5 cm	8,2 cm
Abstand der Eckpunkte zu den Seiten	7,0 cm	6,4 cm	6,0 cm

c) Die Höhen schneiden sich in einem Punkt.

Seite 42–43

1 Kongruent zu ABC sind ② und ⑥.

2 a) Zwei Angaben reichen nicht aus, um ein Dreieck eindeutig zu konstruieren (Kongruenzsätze). Beide haben richtig gearbeitet.

b)

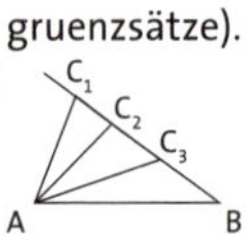

c) Es gibt unendlich viele Lösungen.

3 a) RHT ≅ HST (SsW); b) ABM ≅ DCM (sss); AMD ≅ BMC (sss); ADB ≅ CDB (sss); ACB ≅ ADC (sss); c) ABM ≅ DCM (wsw); d) ABM ≅ BCM ≅ CDM ≅ DEM ≅ EAM (sws)

Seite 44–45

1 a) eindeutig konstruierbar (sss)

b) unendlich viele Lösungen (die Winkel aller Dreiecke sind gleich groß, aber die Seiten können unterschiedlich lang sein)

c) eindeutig konstruierbar (sws)

d) eindeutig konstruierbar (SsW)

e) nicht konstruierbar, die Summe der Innenwinkel ist größer als 180°

f) nicht konstruierbar (Dreiecksungleichung)

2

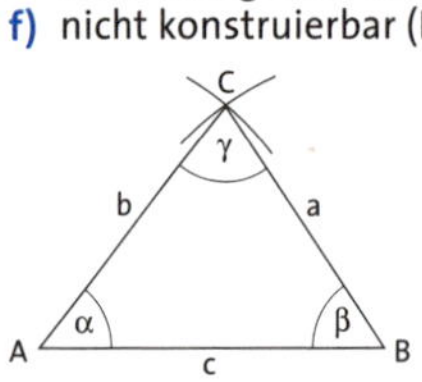

3

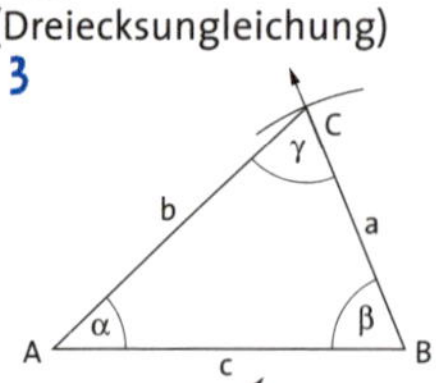

4

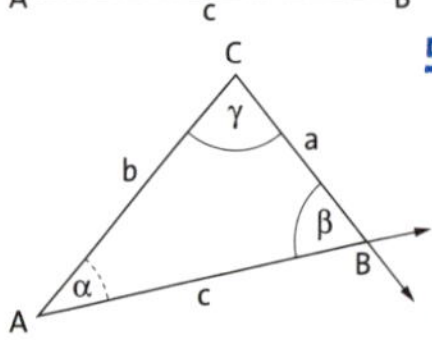

5

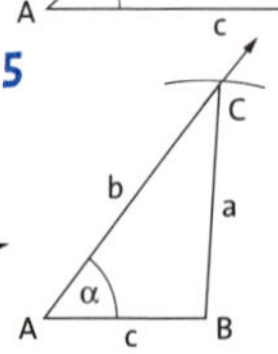

6

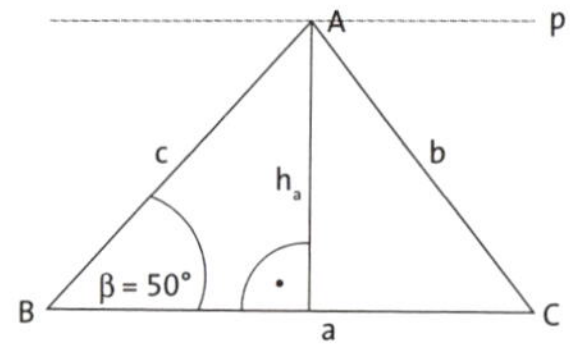

Seite 46–47

1

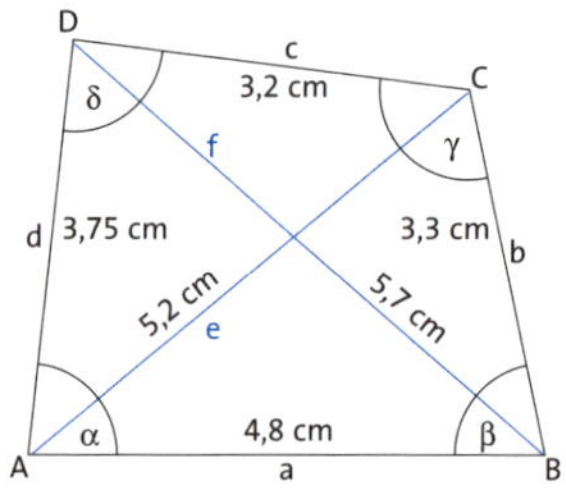

2 Quader und Würfel haben mindestens ein Viereck als Begrenzungsfläche.

3 Es gilt: $\alpha + \beta + \gamma + \delta = 360°$, also:
a) $\delta = 40°$; b) $\delta = 75°$; c) $\alpha = 135°$

4 a) $\beta = 126°$

b) $90° + 45° + 45° + \delta = 360° \rightarrow$ also: $\delta = 180°$, daher handelt es sich nicht um ein Viereck.

c) $\alpha = 72°$

Seite 48–49

1 a) **1**35; b) 6; c) 3**4**56; d) kein spezielles Viereck; e) **5**; f) **1**2**3**456

2 Zu den Begründungen sind Skizzen sehr hilfreich. Wahr sind a), b), f), g); falsch sind c) (unendlich viele), d), e), h)

3 a) Quadrat; b) Rechteck; c) Parallelogramm; d) Trapez

Abbildung ist nicht punktgenau.

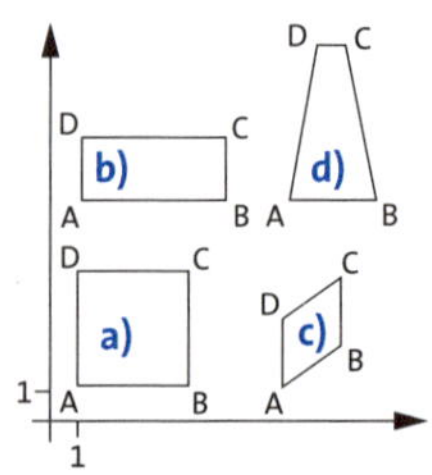

Seite 50–51

1 1. Zeichnen von a = AB; 2. Antragen der Winkel α und β; 3. Mit Zirkel b und d auf den zugehörigen freien Schenkeln abtragen; 4. Die erhaltenen Punkte C und D verbinden.

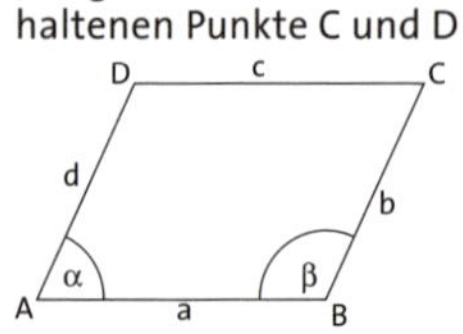

2 **a)**

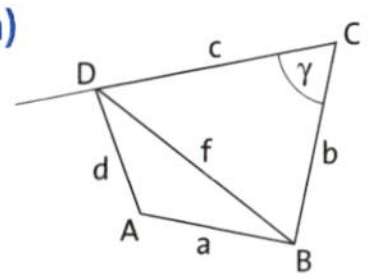

b)

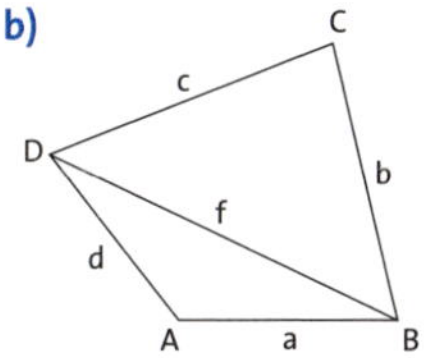

c) Es kann jeweils auch ein konkaves Dreieck entstehen.

3 **a)**

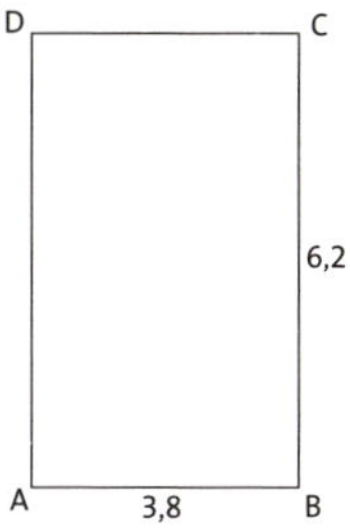

b)

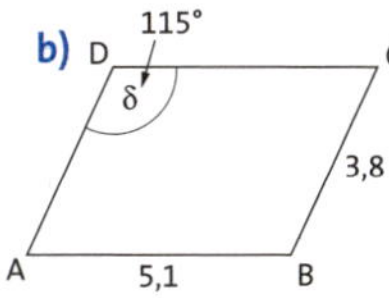

c)

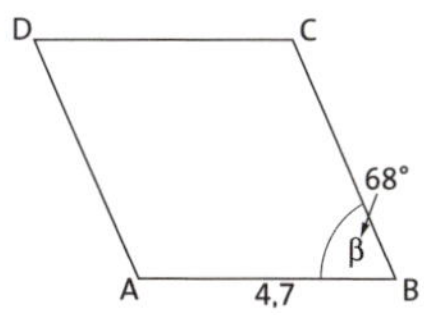

d)

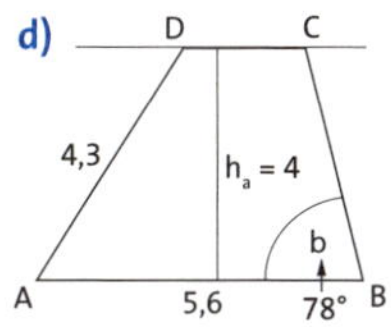

a) u = 20 cm
b) u = 17,8 cm
c) u = 18,8 cm
d) u ≈ 16,9 cm (gemessen)

4 Körper

Seite 52–53

1

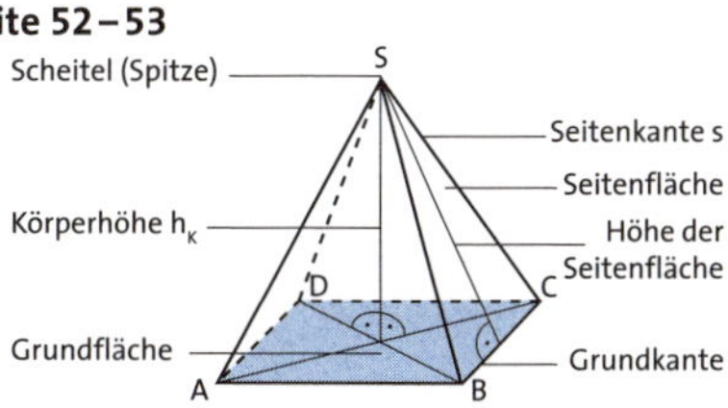

2 **a)** Würfel: 6 Flächen, 8 Kanten
b) Prisma: 10 Flächen, 24 Kanten
c) Zylinder: 3 Flächen, 2 Kanten
d) Quader: 6 Flächen, 8 Kanten
e) Pyramide: 5 Flächen, 8 Kanten
f) Kugel: 1 Fläche, 0 Kanten

3 Beim abgebildeten Körper handelt es sich um ein Prisma mit trapezförmiger Grund- und Deckfläche.
mögliche Deckfläche: BCGF oder ADHE;
mögliche Grundfläche: BCGF oder ADHE;
Mantelfläche: ABFE + ABCD + DCGH + EFGH

Seite 54–55

1 **a)**

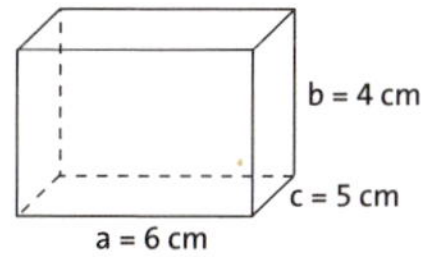

b)

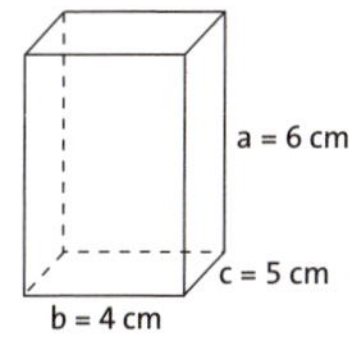

2

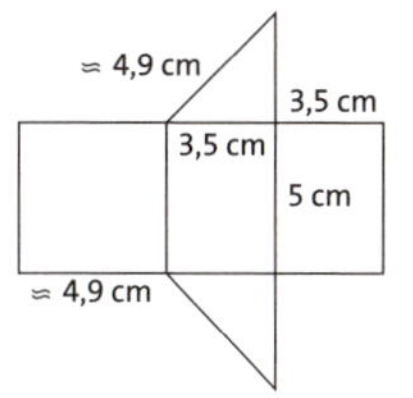

3 **a)** *Lösungsvorschläge:*
1) 2) 3)

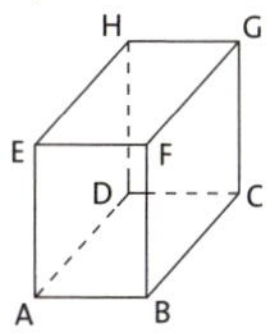

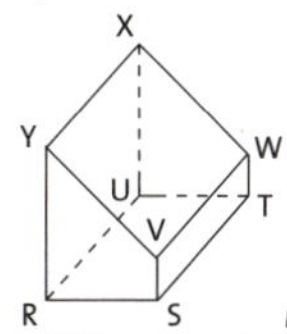

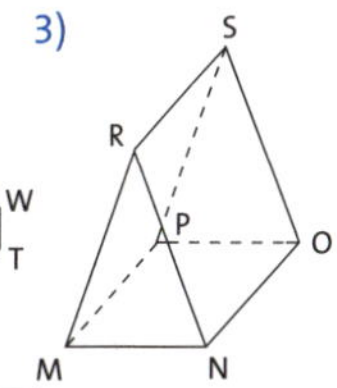

b) 1) $\overline{AB}$ = 0,9 cm; $\overline{BC}$ = 2 cm; $\overline{BF}$ = 1,1 cm;
2) $\overline{RS}$ = 0,9 cm; $\overline{SV}$ = 0,3 cm; $\overline{RY}$ = 1,1 cm; $\overline{ST}$ = 2 cm;
3) $\overline{MN}$ = 1,1 cm; $\overline{RN}$ = $\overline{RM}$ = 1,3 cm; $\overline{NO}$ = 2,4 cm

4 **a)**

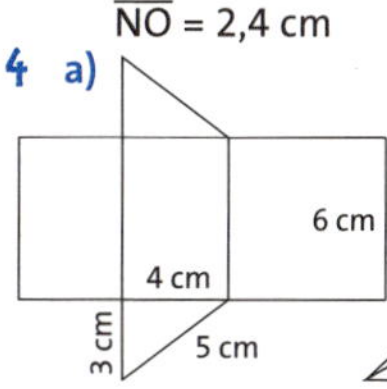

b)

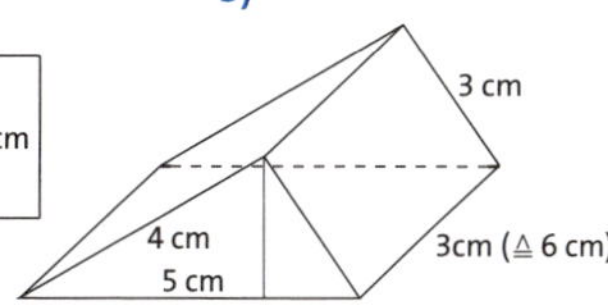

Seite 56–57

1 Keine Zweitafelprojektion ist **d)**.
In **a)** und **b)** ist ein dreiseitiges Prisma mit unterschiedlicher Auflagefläche dargestellt.
In **c)** ist ein Zylinder dargestellt.
In **e)** ist eine dreiseitige Pyramide dargestellt.

2 **a)**

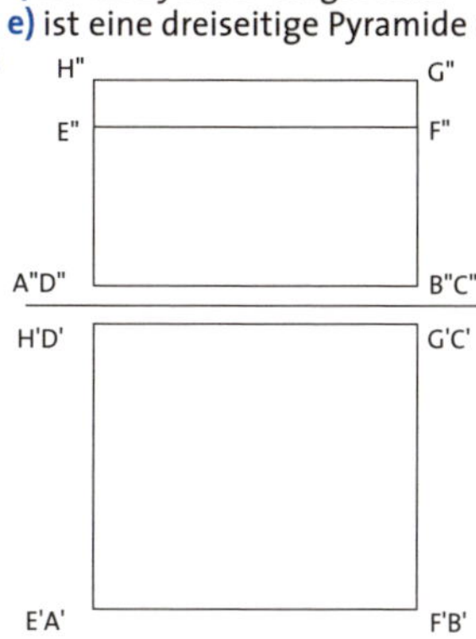

b) Die Fläche ABFE muss direkt vor der Aufrissebene stehen.

c) Die Fläche ADHE muss direkt vor der Aufrissebene stehen.

3 *verkleinert dargestellt:*

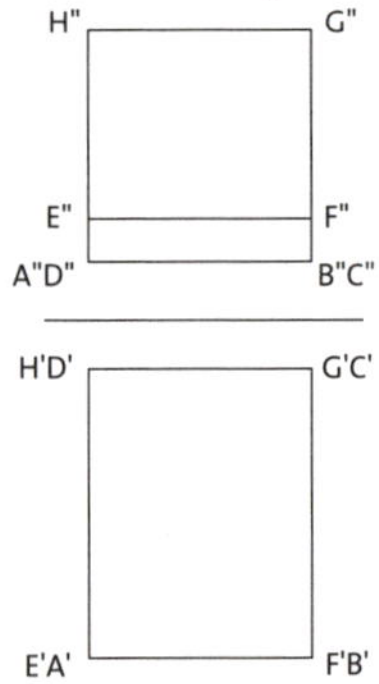

$\overline{AB} = 2{,}0$ cm; $\overline{BC} = 3{,}0$ cm
$\overline{AE} = 0{,}5$ cm; $\overline{CG} = 2{,}5$ cm

5 Berechnungen an geometrischen Figuren

Seite 58–59

1 Die vier Dreiecke ABC, ABD, ABE und ABF haben den gleichen Flächeninhalt, da $A_D = \frac{g \cdot h_g}{2}$.

2 a) 28 cm^2, g = 7 cm; b) 15 m^2, g = 3 m; c) 24 mm^2, g = 6 mm; d) 3 dm^2, g = 2 dm

3 a) 12 cm^2; b) 3 m^2; c) 5 km^2; d) 600 m^2 = 6 a

Seite 60–61

1 a) h = 5 cm, A_O = 280 cm^2
b) c = 10 dm, A_O = 340 dm^2
c) h = 10 000 dm, A_O = 2 501 200 dm^2
d) h = 3 m, A_O = 24 018 m^2

2 $\overline{AB} = 2{,}0$ cm; $\overline{BC} = 3{,}0$ cm;
$\overline{AE} = 0{,}5$ cm; $\overline{CG} = 2{,}5$ cm $\rightarrow V = 9{,}0\ cm^3$

3 V = 36,0 cm^3; A_O = 84 cm^2

4 a) V = 414,72 cm^3; b) V = 90 cm^3

Abschlusstest

Seite 62–63

1 a) Alle Punkte auf K haben denselben Abstand r von M.
b) A (6 | 1), B (2 | 5), C (–2 | 1), D (2 | –4)
c) Seitenlängen:
$\overline{AB} = \overline{BC} = \overline{CD} = \overline{DA} = 5{,}7$ cm,
$\overline{AC} = \overline{BD} = 8$ cm (Durchmesser)
d) Rechte Winkel: DAB, ABC, BCD, CDA, BMA, CMB, DMC, AMD.

e) u = 22,8 cm; A = 32,49 cm^2

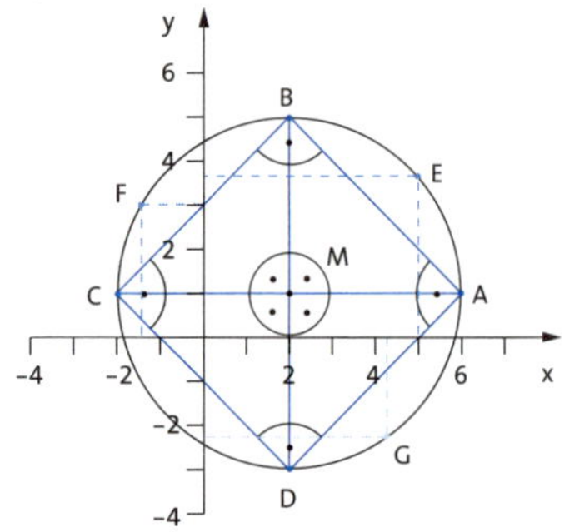

2 a) $\alpha = 60°; \beta = 60°; \gamma = 150°$
b) $\alpha = 45°; \beta = 22{,}5°; \gamma = 22{,}5°$

3

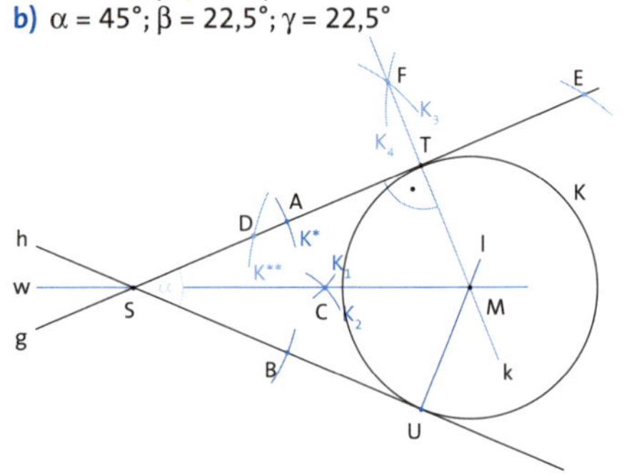

4 $\beta = 65°; \gamma = 50°; \delta = 115°; \varepsilon = 30°$

5 a) $\alpha = 80°, \gamma = 50°$
b) A = 8,7 cm^2
c)

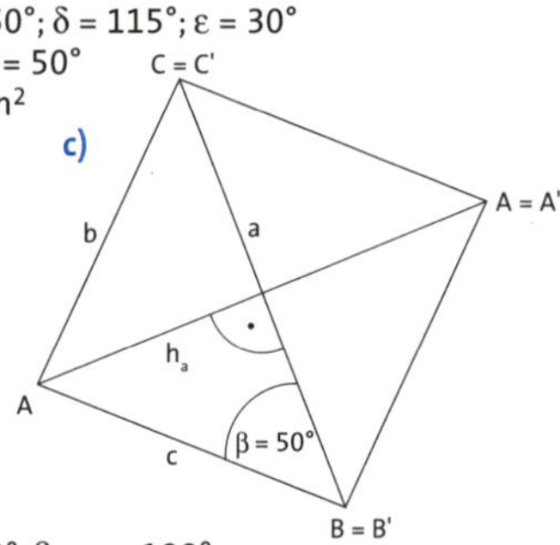

d) Raute
e) $\alpha = \delta = 80°, \beta = \gamma = 100°$
f) Alle entstandenen Dreiecke sind kongruent zueinander.

6

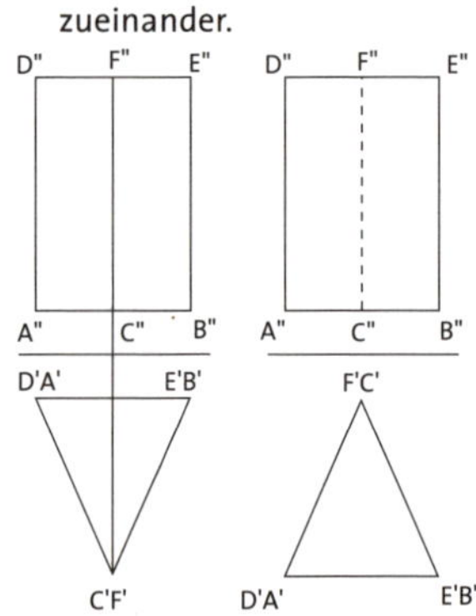

7 a) b = 4,5 cm; b) A_O = 372 cm^2

Fortsetzung von S. 28

2 **Wende die Dreiecksungleichung an: Gibt es Dreiecke ABC mit den folgenden Seitenlängen? Kreuze an.**

				möglich	nicht möglich
a)	a = 4 cm	b = 5 cm	c = 8 cm	☐	☐
b)	a = 9 cm	b = 5 cm	c = 4 cm	☐	☐
c)	a = 4 cm	b = 38 mm	c = 2,4 cm	☐	☐
d)	a = 59 cm	b = 6,8 dm	c = 1,9 m	☐	☐

3 **Versuche, die gleichseitigen Dreiecke zu verkleinern und zu vergrößern, indem du Seite c einmal um 1 cm parallel nach oben und einmal parallel nach unten verschiebst. Miss alle Winkel und Seitenlängen. Was stellst du fest?**

a)

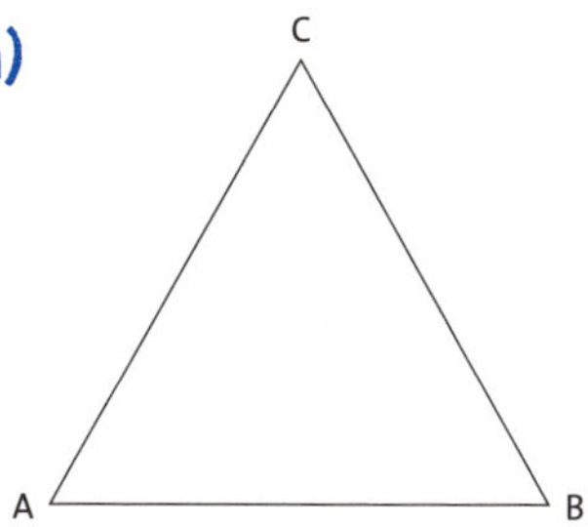

b)

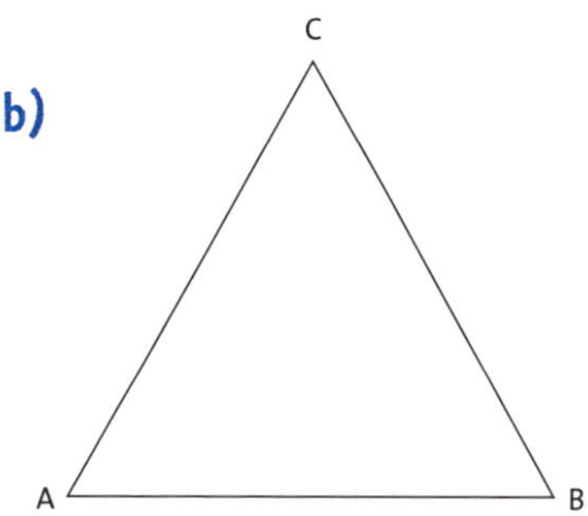

4 **Beschrifte die Dreiecke und zeichne alle Symmetrieachsen ein.**

a)

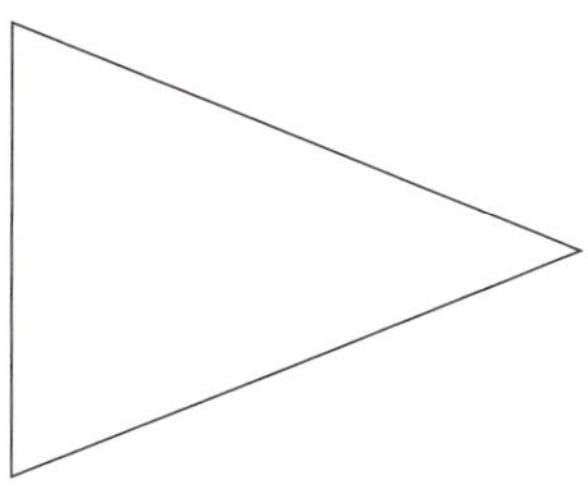

b)

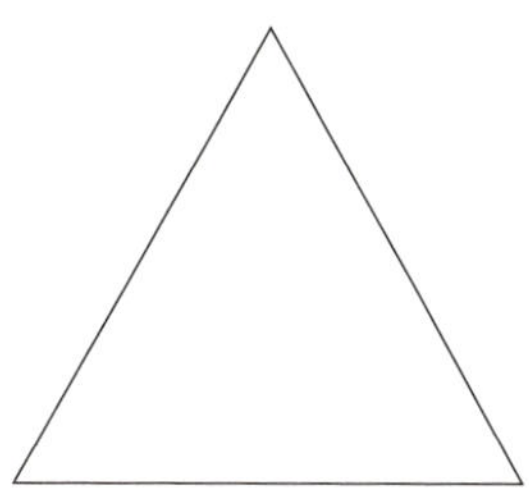

Winkel und Winkelsätze am Dreieck

Die **Innenwinkel** eines Dreiecks werden von je zwei Dreiecksseiten als Schenkel eingeschlossen. Verlängerst du die Dreiecksseiten über die Eckpunkte hinaus, dann entstehen zu jedem Innenwinkel zwei gleich große Nebenwinkel (↑ S. 10). Dies sind die **Außenwinkel** des Dreiecks.

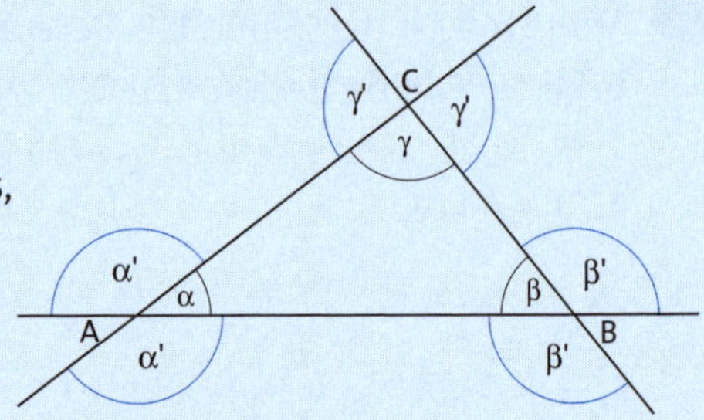

Innenwinkelsatz:

- In jedem Dreieck beträgt die Summe der Innenwinkel 180°.

Außenwinkelsätze:

- Die Summe aller 6 Außenwinkel eines Dreiecks beträgt $2 \cdot 360°$: $\alpha' + \beta' + \gamma' = 360°$.
- Jeder Außenwinkel eines Dreiecks ist so groß wie die Summe der nicht-anliegenden Innenwinkel: z. B. $\beta' = \alpha + \gamma$.

Je nach Größe der Innenwinkel (↑ S. 8) unterscheidet man:

- **spitzwinklige** Dreiecke: Alle Winkel sind spitz.
- **stumpfwinklige** Dreiecke: Das Dreieck hat einen stumpfen Winkel.
- **rechtwinklige** Dreiecke: Das Dreieck hat einen rechten Winkel. Die dem rechten Winkel gegenüberliegende (längste) Dreiecksseite heißt **Hypotenuse.** Die beiden anderen Seiten sind die **Katheten.**

1 **Berechne den dritten Innenwinkel des Dreiecks ABC. Bestimme dann jedes Dreieck nach der Größe seiner Innenwinkel.**

				Dreiecksart nach Innenwinkeln
a)	$\alpha = 34°$	$\beta = 76°$	$\gamma =$ ______	____________
b)	$\beta = 76°$	$\gamma = 12°$	$\alpha =$ ______	____________
c)	$\alpha = 45{,}4°$	$\gamma = 17{,}7°$	$\beta =$ ______	____________
d)	$\alpha = 49°$	$\beta = 41°$	$\gamma =$ ______	____________
e)	$\beta = 12°$	$\gamma = 78°$	$\alpha =$ ______	____________

2 **Wie groß ist der Winkel β? Berechne außerdem die Winkel γ, δ und ε und erläutere deine Rechenwege?**

Tipp: Nutze deine Kenntnisse über gleichschenklige Dreiecke.

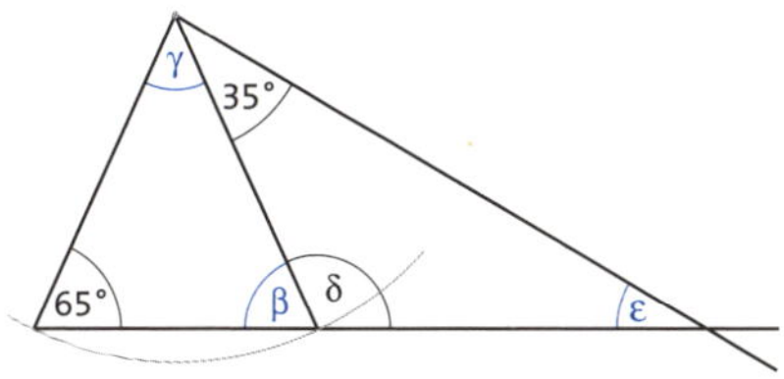

$\beta =$ ______

$\gamma =$ ______

$\delta =$ ______

$\varepsilon =$ ______

3 **Schreibe in dein Heft: Gib alle fehlenden Winkelmaße an, wenn …**

Tipp: Wende den Satz des Thales an. Betrachte das Dreieck MBC genau!

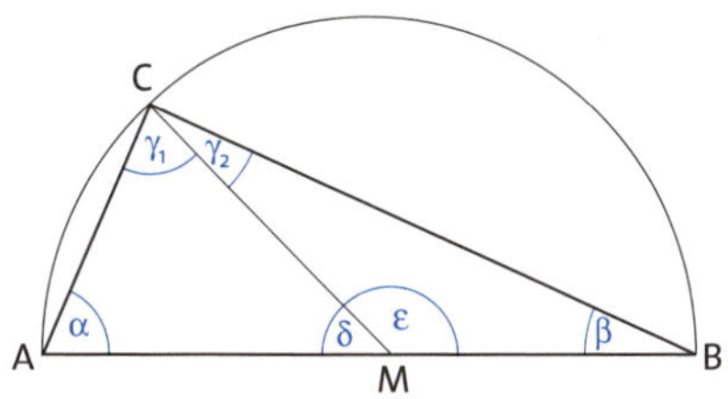

a) $\alpha = 60°$
b) $\varepsilon = 110°$
c) $\gamma_1 = 65°$
d) $\delta = 54{,}5°$

4 **Wende den Außenwinkelsatz an: Wie groß sind der Innenwinkel β und der Außenwinkel β', wenn …**

a) $\alpha = 60°$ und $\gamma = 42°$ ➔ $\beta =$ ______ $\beta' =$ ______

b) $\alpha = 100°$ und $\gamma' = 142°$ ➔ $\beta =$ ______ $\beta' =$ ______

c) $\alpha' = 120°$ und $\gamma' = 120°$ ➔ $\beta =$ ______ $\beta' =$ ______

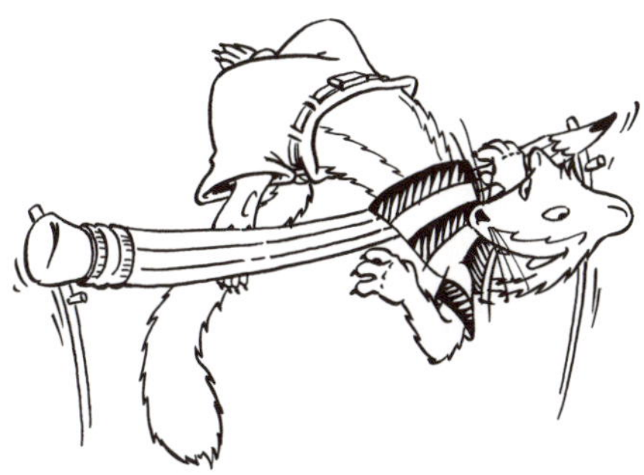

Punkte und Linien am Dreieck

- Eine **Höhe** eines Dreiecks ist das Lot (↑ S. 16) von einem Eckpunkt zur gegenüberliegenden Seite des Dreiecks bzw. zu ihrer Verlängerung, wenn die Höhe außerhalb des Dreiecks liegt. Jedes Dreieck hat genau **drei Höhen,** die sich im **Höhenschnittpunkt** H schneiden.
- Die drei **Winkelhalbierenden** (↑ S. 18) eines Dreiecks schneiden sich in einem Punkt W. Dieser Punkt W ist der Mittelpunkt des **Inkreises** (1) des Dreiecks, der alle drei Seiten des Dreiecks von innen berührt.
- Die drei **Mittelsenkrechten** (↑ S. 16) eines Dreiecks schneiden sich in einem Punkt M. Dieser Punkt M ist Mittelpunkt des **Umkreises** (2), der durch alle drei Eckpunkte geht.
- Eine **Seitenhalbierende** in einem Dreieck verbindet den Mittelpunkt einer Dreiecksseite mit dem gegenüberliegenden Eckpunkt. Der Schnittpunkt der drei Seitenhalbierenden heißt **Schwerpunkt** S (3).

(1)

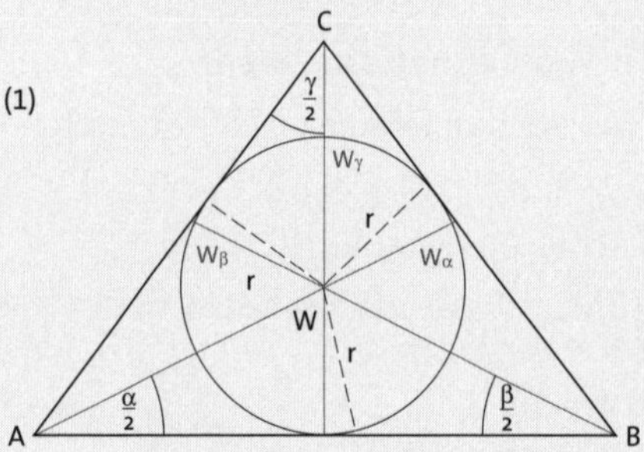

(2)

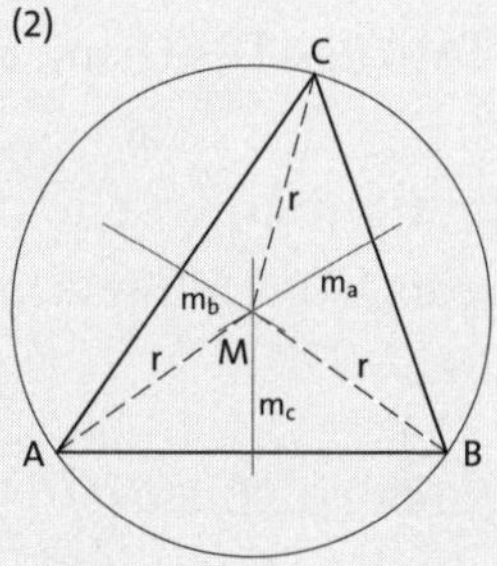

(3)

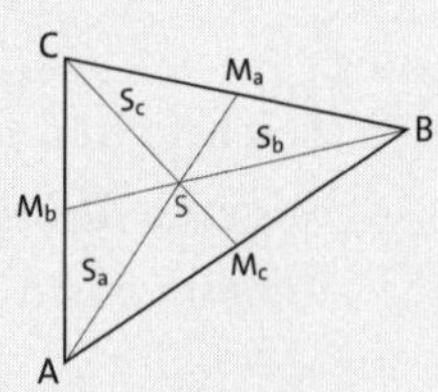

1 **Halbiere die Strecke $\overline{RS}$. Halbiere den Winkel γ und fälle das Lot von P auf die Gerade g.**

Hinweis: Diese Kenntnisse benötigst du zur Dreieckskonstruktion.

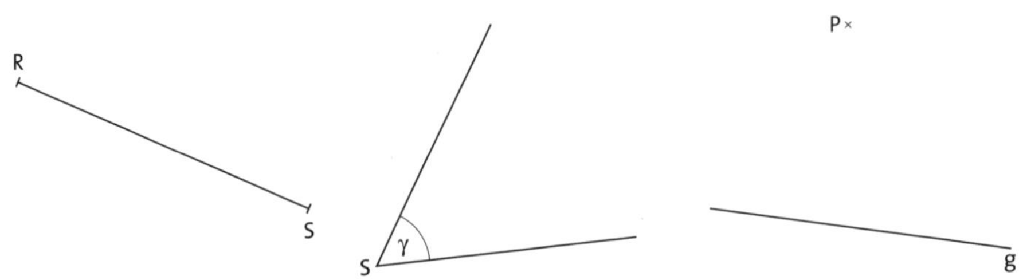

2 **Zeichne alle Höhen (rot), alle Winkelhalbierenden (grün) und alle Seitenhalbierenden (blau) in das Dreieck ein.**

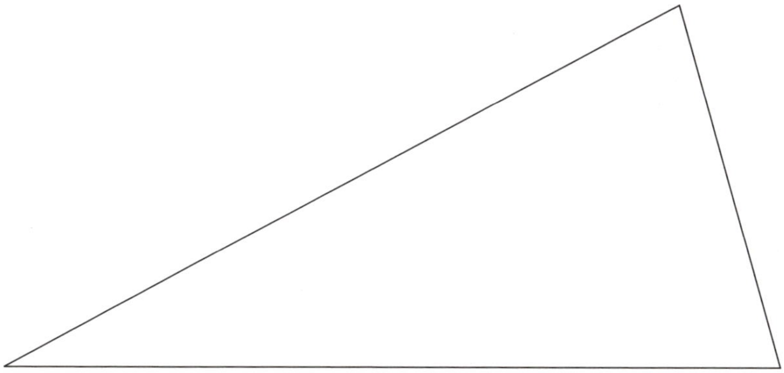

3 **Zeichne in deinem Übungsheft ein Koordinatensystem und trage folgende Punkte ein: A (0|0), B (8|2), C (3|7). Wähle als Einheit 1 cm. Arbeite dann weiter.**

a) Verbinde die gegebenen Punkte zu dem Dreieck ABC.

b) Miss die Längen der Seiten und trage deine Ergebnisse in die Tabelle ein.

c) Konstruiere die Höhen des Dreiecks ABC. Wie kannst du die Richtigkeit der Konstruktion überprüfen?

d) Trage in die Tabelle ein, wie groß jeweils der Abstand der Eckpunkte zur gegenüberliegenden Seite ist.

	a	b	c
Seitenlänge			
Abstand der Eckpunkte zu den Seiten			

Kongruenzsätze für Dreiecke

Ob Dreiecke **kongruent zueinander** (↑ S. 14; Zeichen: ≅) sind, kannst du anhand der **Kongruenzsätze** für Dreiecke feststellen:

- **1. Kongruenzsatz (sss)**: Dreiecke sind kongruent zueinander, wenn sie in allen **drei Seiten** übereinstimmen.
- **2. Kongruenzsatz (sws)**: Dreiecke sind kongruent zueinander, wenn **zwei ihrer Seiten und der eingeschlossene Winkel** übereinstimmen.
- **3. Kongruenzsatz (wsw) und (sww):** Dreiecke sind kongruent zueinander, wenn sie in **einer Seite** und **den anliegenden zwei Winkeln** übereinstimmen oder wenn sie in **einer Seite** und in **einem anliegenden** und einem der Seite **gegenüberliegenden Winkel** übereinstimmen.
- **4. Kongruenzsatz (SsW)**: Dreiecke sind kongruent zueinander, wenn sie in **zwei Seiten** und dem der **größeren Seite gegenüberliegenden Winkel** übereinstimmen.

Achtung: Drei gleich große Winkel reichen nicht aus, um die Kongruenz von Dreiecken nachzuweisen!

Ein Dreieck besteht immer aus 6 Stücken: aus **3 Seiten und 3 Winkeln.** Um ein Dreieck zu konstruieren, brauchst du (mindestens) 3 relevante Stücke.

1 **Entscheide, welche der Dreiecke zum Dreieck ABC kongruent sind.**
Tipp: Geh von dem Punkt des jeweiligen Dreiecks aus, der dem Punkt A des Originals entspricht. Verwende das Zeichen für Kongruenz: ≅.

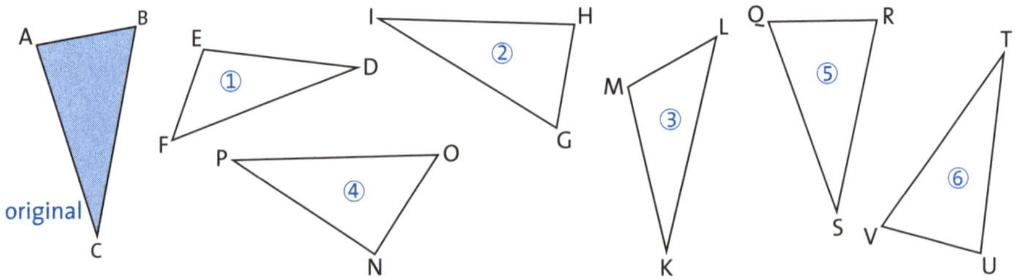

2 **Jule und Lilli erhalten die Aufgabe, ein Dreieck mit den Angaben $c = 4$ cm und $\beta = 42°$ zu konstruieren. Sie haben die Aufgabe so gelöst:**

a) Haben sie richtig gearbeitet? Kommentiere beide Lösungen.
b) Zeichne anhand der gegebenen Größen noch ein weiteres Dreieck in dein Heft, das zu denen von Jule und Lilli nicht kongruent ist.
c) Wie viele Lösungen zur Aufgabenstellung gäbe es?

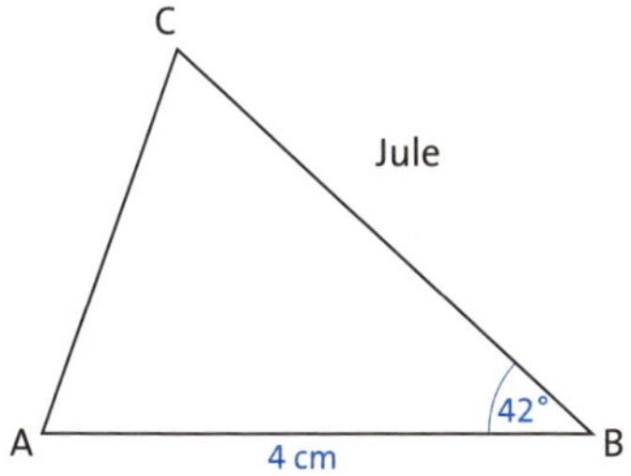

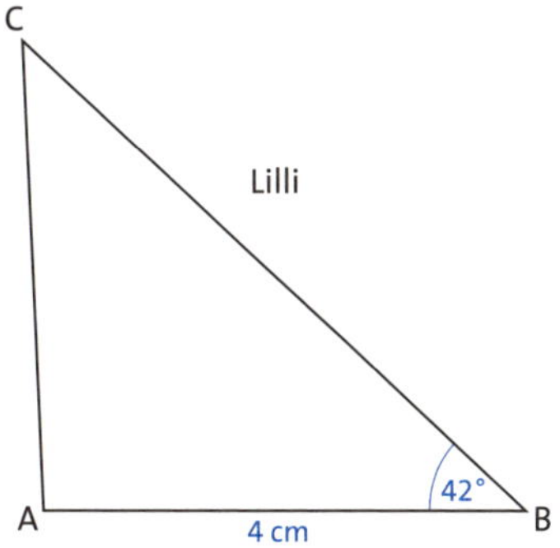

3 **Suche in folgenden Figuren kongruente Dreiecke. Schreibe die Kongruenzen auf. Gleiche Stücke sind gekennzeichnet bzw. beschrieben.**
Hinweis: Begründe mit den entsprechenden Kongruenzsätzen und verwende dazu die Abkürzungen (sss, sws ...).

a)

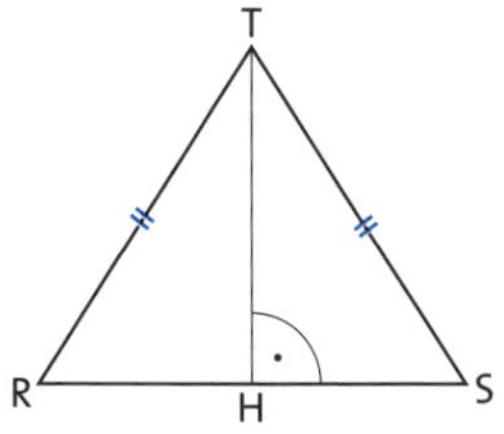

____

b)

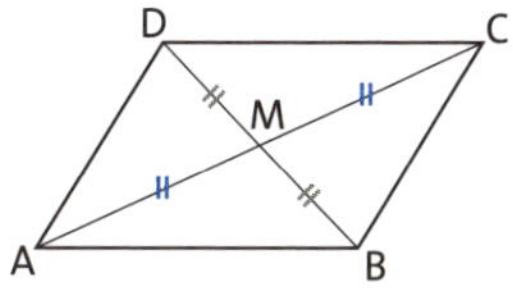

____

c)

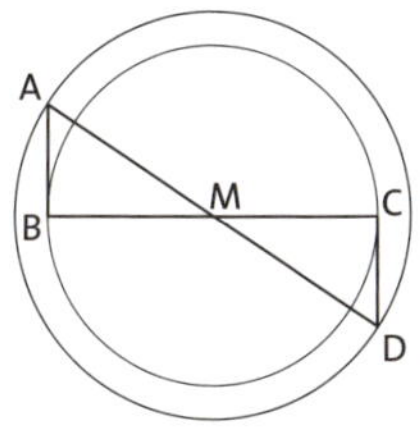

____

d)

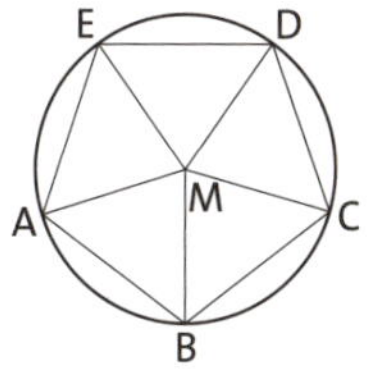

____

Dreiecke konstruieren

Willst du ein **Dreieck konstruieren,** dann benötigst du dazu die Angabe von mindestens **3 relevanten Stücken.** Diese gegebenen Stücke des Dreiecks entsprechen einem der Kongruenzsätze (↑ S. 42). Du benötigst die Angabe:

- von drei Seitenlängen (sss): a, b, c oder
- von zwei Seitenlängen und ihrem eingeschlossenen Winkel (sws): z. B. c, β, a oder a, χ, b ... oder
- von einer Seite und ihren zwei anliegenden Winkeln (wsw): z. B. α, b, γ oder β, a, γ ... oder
- von einer Seite und eines anliegenden und des gegenüberliegenden Winkels (sww): z. B. a, γ, α bzw. a, β, α ... oder
- von zwei Seiten und dem der größeren Seite gegenüberliegenden Winkel (SsW): z. B. c, α, a (wenn $c < a$) oder c, γ, a (wenn $c > a$) ...

Oft enthalten Aufgabenstellungen Textformulierungen mit wichtigen Informationen. Das können zum Beispiel sein: *„Ein rechtwinkliges Dreieck mit den Maßen ...“* Hier kennst du bereits eine Winkelgröße. Andere Formulierungen können sein: *„Ein Dreieck über dem Durchmesser des Kreises ...“* Hier wendest du den Satz des Thales (↑ S. 26) an und kennst ebenfalls eine Winkelgröße. Ist die Höhe einer Seite bekannt, kannst du dieses (rechtwinklige) Teildreieck konstruieren und dann die vollständige Figur.

1 **Die Abbildung zeigt dir die Skizze eines beliebigen Dreiecks ABC. Welche der folgenden Dreiecke ABC sind nicht bzw. nicht eindeutig konstruierbar? Kreuze an und begründe deine Entscheidung.**

a) a = 6,5 cm; b = 5 cm; c = 7,5 cm ☐

b) $\alpha = 45°$; $\beta = 83°$; $\gamma = 52°$ ☐

c) c = 4,2 cm; b = 8,6 cm; $\alpha = 30°$ ☐

d) b = 3,8 cm; c = 2b; $\gamma = 65°$ ☐

e) $\alpha = 85°$; $\beta = 104°$; c = 5,2 cm ☐

f) a = 6 cm; b = 5 cm; c = 13,2 cm ☐

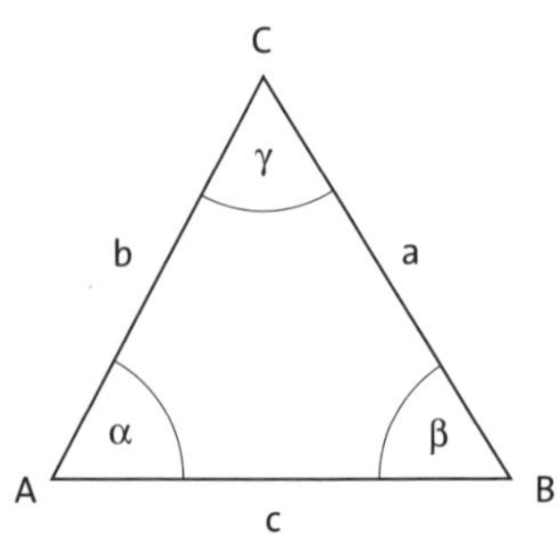

1 2 3 4 5

2 **Zeichne in deinem Heft das Dreieck ABC mit folgenden Seiten: a = 1,9 cm; b = 2 cm; c = 2,4 cm.**
Geh so vor: Zeichne c und markiere A und B. ➲ Zeichne einen Kreis um A mit dem Radius b. ➲ Zeichne einen Kreis um B mit dem Radius a. ➲ C ist Schnittpunkt der beiden Kreise.

3 **Gegeben sind c = 2,4 cm; a = 2,4 cm; β = 44°. Zeichne das Dreieck in dein Übungsheft.**
Geh so vor: Zeichne c und markiere A und B. ➲ Trage den Winkel β an. ➲ Zeichne einen Kreis um B mit dem Radius a. ➲ C ist Schnittpunkt des Kreises mit dem freien Schenkel von β.

4 **Gegeben sind α = 37°; γ = 80°; b = 2,1 cm. Zeichne das Dreieck in dein Übungsheft.**
Geh so vor: Zeichne b und markiere A und C. ➲ Trage die beiden Winkel α und γ an. ➲ B ist Schnittpunkt der beiden freien Schenkel α und γ.

5 **Gegeben sind c = 1,1 cm; a = 1,5; α = 52°. Zeichne das Dreieck in dein Übungsheft.**
Geh so vor: Zeichne c und markiere A und B. ➲ Trage den Winkel α an. ➲ Zeichne einen Kreis um B mit dem Radius a. ➲ C ist Schnittpunkt des Kreises mit dem freien Schenkel von α.

6 **Konstruiere in deinem Heft ein Dreieck ABC. Folgende Angaben stehen dir zur Verfügung: a = 5,8 cm; h_a = 3 cm und β = 50°.**
Geh so vor: Zeichne a und markiere B und C. ➲ Zeichne eine Parallele p zu a im Abstand h_a. ➲ Trage an a im Punkt B den Winkel β an. ➲ Punkt A ist der Schnittpunkt des freien Schenkels von ß und der Parallelen p zu a.

Linien, Punkte und Winkel am Viereck

Liegen von vier Punkten drei nicht auf einer Geraden, bilden sie ein **Viereck.**

- Die Punkte heißen **Ecken** des Vierecks und werden oft mit A, B, C, D bezeichnet (meist entgegen dem Uhrzeigersinn).
- Die Verbindungsstrecken zwischen zwei Ecken heißen **Seiten** des Vierecks und werden meist mit a, b, c, d bezeichnet: $a = \overline{AB}$, $b = \overline{BC}$, $c = \overline{CD}$, $d = \overline{DA}$.
- Jedes Viereck hat zwei **Diagonalen,** die jeweils 2 nicht nebeneinander liegende Ecken miteinander verbinden (oft mit e und f bezeichnet).

In jedem Viereck gelten folgende **Bezeichnungen:**

- **Benachbarte Seiten** haben einen gemeinsamen Eckpunkt.
- **Gegenüberliegende Seiten** haben keinen gemeinsamen Eckpunkt.
- **Benachbarte Innenwinkel** haben eine Seite als gemeinsamen Schenkel. Die Innenwinkel bezeichnet man meistens mit α, β, γ, δ:
  α am Punkt A; β am Punkt B; γ am Punkt C, δ am Punkt D.
- **Gegenüberliegende Innenwinkel** haben keinen gemeinsamen Schenkel.

In jedem Viereck beträgt die **Summe der Innenwinkel 360°.**

1 **Beschrifte das abgebildete Viereck vollständig (in der meist verwendeten Schreibweise) und miss *alle* Verbindungsstrecken zwischen den Eckpunkten.**

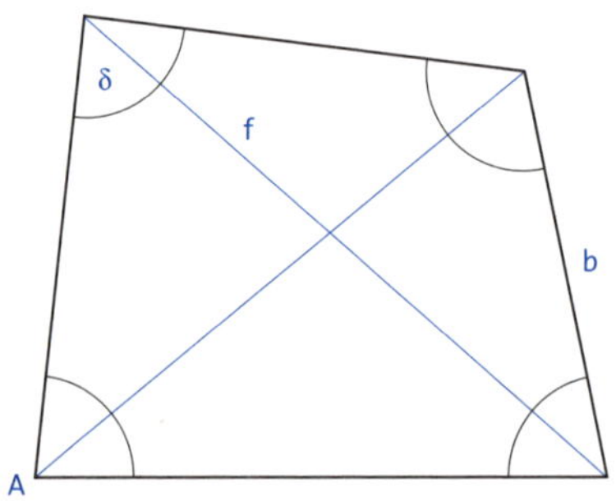

___ = __________ ___ = __________ ___ = __________

___ = __________ ___ = __________ ___ = __________

2 **Kreuze an: Welcher der folgenden Körper hat mindestens ein Viereck als Begrenzungsfläche?**

Hinweis: Ein Körper (↑ S. 12 und 52) wird von ebenen oder gekrümmten Einzelflächen begrenzt.

a) Würfel ☐ **b)** Quader ☐

c) Dreieckspyramide ☐ **d)** Kugel ☐

3 **Beschrifte alle Winkel der abgebildeten Vierecke (in der meist verwendeten Schreibweise). Berechne und notiere alle Winkelgrößen.**

a)

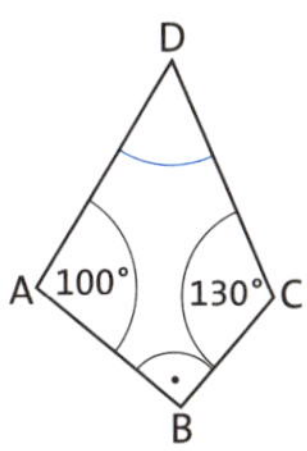

b)

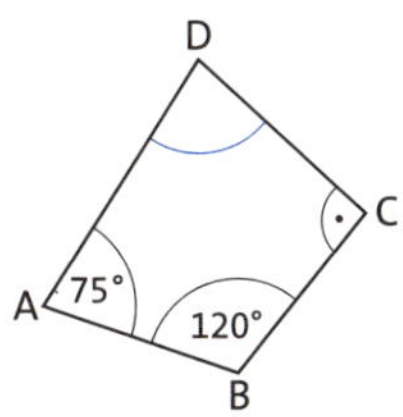

c)

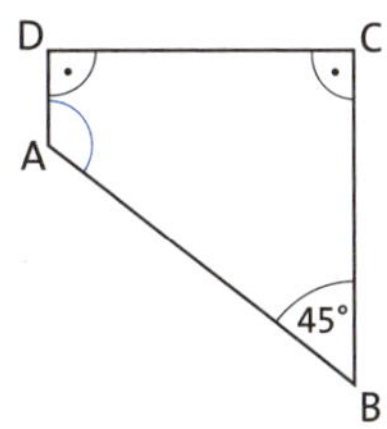

α = 100° β = 90° ___ = ___° ___ = ___° ___ = ___° ___ = ___°

___ = ___° ___ = ___° ___ = ___° ___ = ___° ___ = ___° ___ = ___°

4 **Berechne alle Winkel der Vierecke und trage sie ein.**

	α	β	γ	δ
a) $\alpha = 47°$; $\gamma = 65°$; $\delta = 122°$	47°	___	65°	___
b) $\alpha = 2 \cdot \beta$; $\beta = 45°$; $\gamma = \frac{1}{2} \cdot \alpha$	___	___	___	___
c) $\beta = 3 \cdot \gamma$; $\gamma = 2 \cdot \delta$; $\delta = 32°$	___	___	___	___

Spezielle Vierecke

Bei einem **Rechteck** sind die gegenüberliegenden Seiten parallel und gleich lang. Die Diagonalen halbieren einander. Alle Innenwinkel sind rechte Winkel.
Bei einem **Quadrat** sind die gegenüberliegenden Seiten parallel. Alle Seiten sind gleichlang. Alle Innenwinkel sind rechte Winkel. Die Diagonalen stehen senkrecht aufeinander und halbieren einander.
Bei einem **Trapez** liegen zwei Seiten parallel zueinander. Die nicht parallelen Seiten heißen Schenkel. Die beiden Winkel an jeweils einem Schenkel ergeben 180°.
Bei einem **Parallelogramm** sind die gegenüberliegenden Seiten parallel und gleich lang. Gegenüberliegende Innenwinkel sind gleich groß. Benachbarte Winkel ergeben 180°. Die Diagonalen halbieren einander.
Bei einem **Drachenviereck** gibt es zwei Paare benachbarter Seiten, die gleich lang sind. *Ein Paar* gegenüberliegender Winkel ist gleich groß. Das andere Winkelpaar wird durch eine Diagonale halbiert. Die Diagonalen stehen senkrecht aufeinander. Die kürzere Diagonale wird durch die längere halbiert.
Bei einer **Raute (Rhombus)** die gegenüberliegenden Seiten parallel. Alle vier Seiten sind gleich lang. Gegenüberliegende Innenwinkel sind gleich groß. Die Diagonalen halbieren einander.

1 **Kreuze an, worum es sich bei den abgebildeten Vierecken handelt.**
Hinweis: Rechteck = 1, Quadrat = 2, Parallelogramm = 3, Raute = 4, Trapez = 5, Drachen = 6 Manchmal sind mehrere Kreuze möglich!

a) 1 2 3 4 5 6

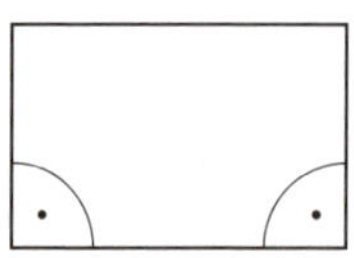

b) 1 2 3 4 5 6

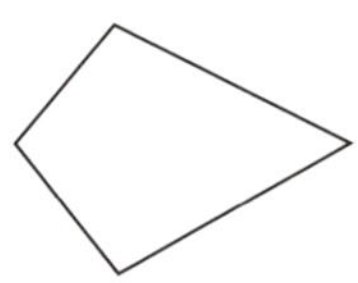

c) 1 2 3 4 5 6

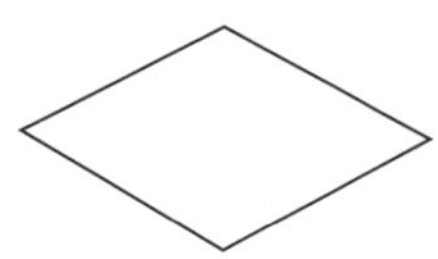

d) 1 2 3 4 5 6

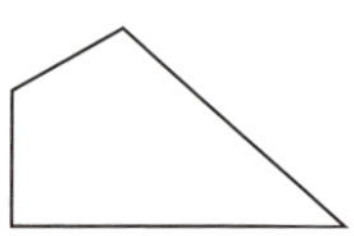

e) 1 2 3 4 5 6

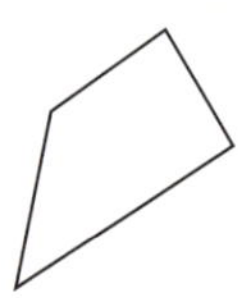

f) 1 2 3 4 5 6

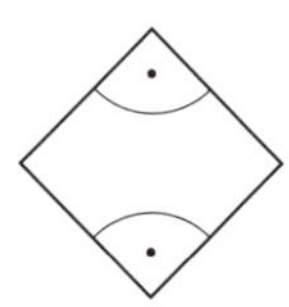

2 **Entscheide, ob die folgenden Aussagen wahr (w) oder falsch (f) sind.**

	w	f
a) Jedes Quadrat ist ein Parallelogramm.	☐	☐
b) Es gibt ein Drachenviereck, das kein Quadrat ist.	☐	☐
c) Es gibt genau ein Parallelogramm, das kein Rhombus ist.	☐	☐
d) Ein Parallelogramm ist entweder ein Rhombus oder ein Rechteck.	☐	☐
e) Wenn ein Viereck ein Trapez ist, dann ist es auch ein Parallelogramm.	☐	☐
f) Wenn ein Viereck ein Rhombus ist, dann ist es auch ein Drachenviereck.	☐	☐
g) Wenn ein Viereck ein Parallelogramm ist, dann ist es auch ein Trapez.	☐	☐
h) Wenn ein Viereck ein Drachenviereck ist, dann ist es auch ein Rhombus.	☐	☐

3 **In einem Koordinatensystem sollen Vierecke mit folgenden Eckpunkten gezeichnet werden. Um welche Art von Viereck handelt es sich? Überlege erst, überprüfe dann durch Zeichnen in deinem Übungsheft.**

a) A (1|1); B (4|1); C (4|4); D (1|4)
b) A (2|5); B (7|5); C (7|7); D (2|7)
c) A (8|2); B (10|3); C (10|5); D (8|4)
d) A (7|5); B (10|5); C (9|10); D (8|10)

Vierecke konstruieren

Um ein **Viereck zu konstruieren,** brauchst du die Angabe von mindestens **5 Stücken.** Das können sein: Winkelmaße, Seiten- oder Diagonalenlängen.
Achtung: Die angegebenen Stücke müssen geeignet gewählt werden, denn nicht jede Kombination führt zu einer eindeutigen Lösung.
Da jedes Viereck aus zwei **Dreiecken zusammengesetzt** ist, ist es üblich und sinnvoll, bei der Konstruktion von Vierecken auf die Konstruktion von Teildreiecken (↑ S. 44) zurückzugreifen.
Wichtige Angaben zur Konstruktion sind bei einigen Vierecken deshalb z. B. die Angabe einer **Höhe** (der Abstand von zwei gegenüberliegenden parallelen Seiten) und die Angabe, um **welche Art von Viereck** (↑ S. 48) es sich handelt. Dadurch kannst du aus den Angaben zu einzelnen Winkeln oder Seiten- bzw. Diagonallängen auch auf andere Winkel und Seitenlängen schließen.

1 **Konstruiere das *unregelmäßige* Viereck, von dem bekannt ist:**
$a = 7{,}5$ cm; $b = 5$ cm; $d = 5{,}2$ cm; $\alpha = 65°$; $\beta = 115°$.

2 Konstruiere Vierecke aus den genannten Stücken. Arbeite in deinem Übungsheft.

Tipp: Erstelle eine Planskizze eines beliebigen Vierecks und beschrifte dann vollständig alle Eckpunkte, Seiten, Diagonalen und Winkel. Diese Skizze hilft dir auch bei der Lösung von Aufgabe 3.

a) $a = 5$ cm; $b = 6{,}5$ cm; $d = 3{,}4$ cm; $f = 7{,}5$ cm; $\gamma = 68°$

b) $a = 4$ cm; $b = 5$ cm; $c = 5{,}5$ cm; $d = 3{,}8$ cm; $f = 6{,}8$ cm

c) Warum sind die Konstruktionen dieser Vierecke nicht eindeutig?

Planskizze:

3 Konstruiere in deinem Übungsheft folgende Vierecke. Bestimme jeweils den Umfang.

Hinweis: Der Umfang ist die Summe aller Seitenlängen.

	Umfang
a) Rechteck: $a = 3{,}8$ cm; $b = 6{,}2$ cm	______
b) Parallelogramm: $a = 5{,}1$ cm; $b = 3{,}8$ cm; $\delta = 115°$	______
c) Raute: $a = 4{,}7$ cm; $\beta = 68°$	______
d) Trapez: $a = 5{,}6$ cm; $d = 4{,}3$ cm; $h_a = 4$ cm; $\beta = 78°$	______

Spezielle Körper mit Grundfläche

Die bekanntesten Körper (↑ S. 12) haben flache oder kreis- bzw. kugelförmige **Grenzflächen.** Der Abstand zwischen Grund und Deckfläche bzw. Scheitel (bei einer Pyramide) heißt **Höhe** des Körpers.

- Ein **Quader** wird durch 6 Rechtecke begrenzt. Einander gegenüberliegende Rechtecke sind kongruent (↑ S. 14). Immer 4 der 12 Kanten sind parallel.
- Ein **Würfel** ist ein Quader, dessen 12 Kanten gleich lang sind. Die Begrenzungsflächen sind Quadrate.
- Ein **Prisma** hat zwei kongruente Vielecke (z. B. Dreieck, Sechseck, Achteck) als **Grund- und Deckfläche.** Bei einem geraden Prisma besteht die Mantelfläche aus der entsprechenden Anzahl von Rechtecken (z. B. beim Dreieck als Grundfläche = 3 Rechtecke), beim schiefen Prisma aus entsprechend vielen Parallelogrammen.
- Eine **Pyramide** hat als **Grundfläche** ein Vieleck. Die Seitenflächen sind entsprechend viele Dreiecke, die am gemeinsamen **Scheitel** zusammenlaufen.
- Ein gerader **Zylinder** wird von zwei zueinander parallelen Kreisen als **Grund- und Deckfläche** begrenzt. Der Mantel (die Seitenfläche) bildet abgerollt ein Rechteck.

1 **Beschrifte alle Linien und Flächen der abgebildeten Pyramide.**

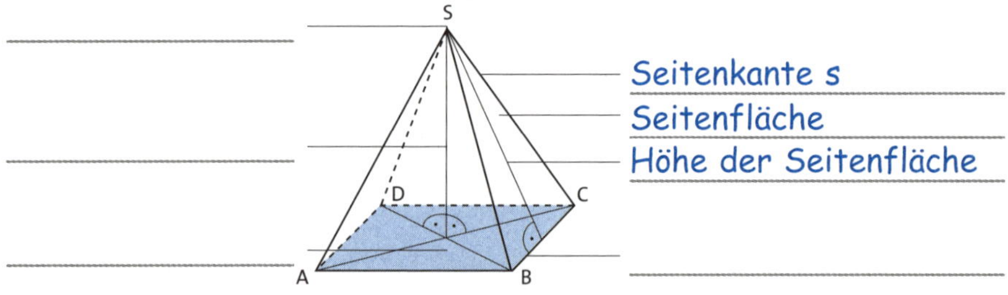

2 **Um welche Körper handelt es sich? Wie viele äußere Begrenzungsflächen und wie viele Außenkanten haben die abgebildeten Körper?**

a) 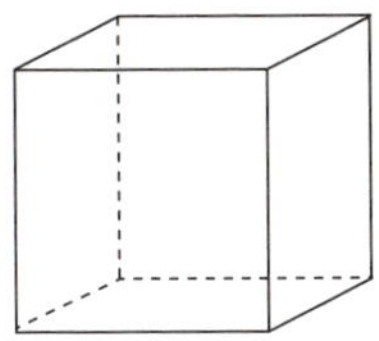

____

_____ Flächen

_____ Kanten

b) 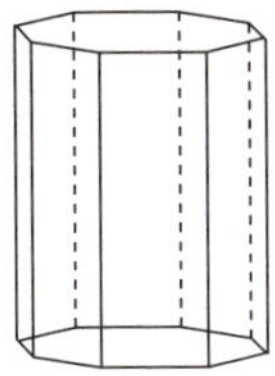

____

_____ Flächen

_____ Kanten

c) 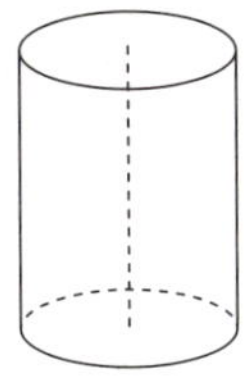

____

_____ Flächen

_____ Kanten

d) 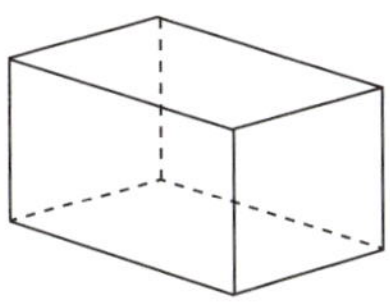

____

_____ Flächen

_____ Kanten

e) 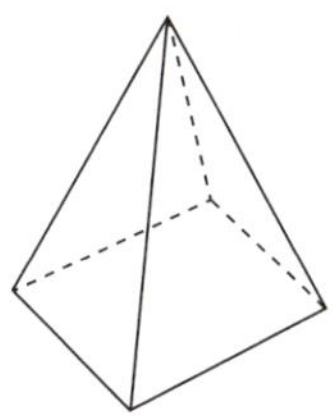

____

_____ Flächen

_____ Kanten

f) 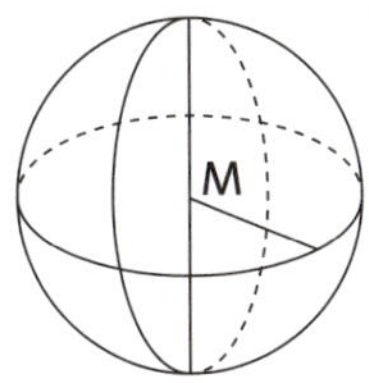

____

_____ Flächen

_____ Kanten

3 **Welcher Körper ist hier abgebildet? Markiere die Grundfläche rot, die Deckfläche gelb und die Mantelfläche grün.**

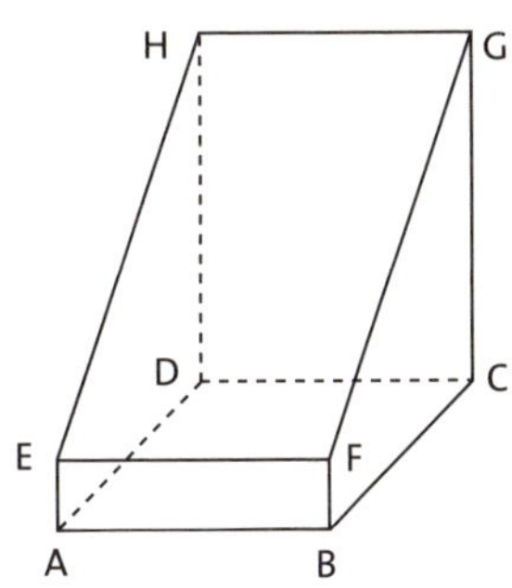

Es handelt sich um

ein __________.

Schrägbilder und Netze

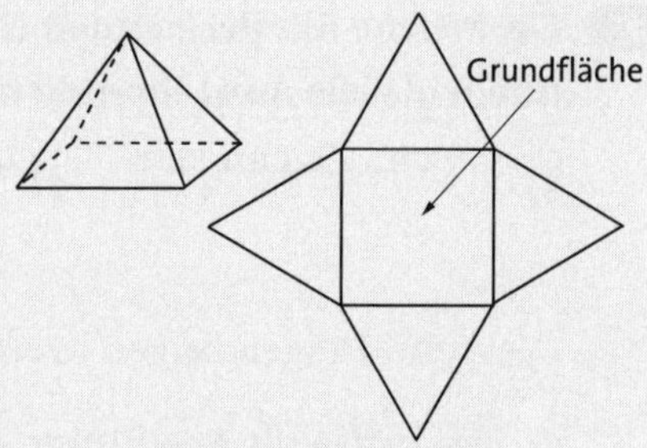

Wenn du einen geradlinig begrenzten Körper an geeigneten **Kanten „aufschneidest“** und dann **„auseinander klappst“,** kannst du die zusammenhängenden Flächen als **Netz** darstellen. Das Netz eines Körpers zeigt dir seine gesamte Oberfläche.

Um einen Körper anschaulich auf einem Blatt Papier darzustellen, wird oft das so genannte **Schrägbild** verwendet. Es ist das Ergebnis einer schiefwinkligen **Projektion**, bei der parallele Projektionsstrahlen schräg (in der Regel im 45°-Winkel) auf eine Ebene verlaufen. Man nennt diese Darstellung auch **Kavalierprojektion.**

1. Zeichne die **Vorderfläche in Originalgröße** (bzw. im Maßstab).
2. Trage an jeder Ecke die **Tiefenkanten** in einem **Winkel von 45°** und **in halber Länge** der Originalgröße ab.
3. Verbinde alle Eckpunkte auf den Schräglinien und zeichne so die vollständige Rück- und die Seitenflächen.
4. **Verdeckte Kanten** zeichnest du **gestrichelt.** Beschrifte vollständig.

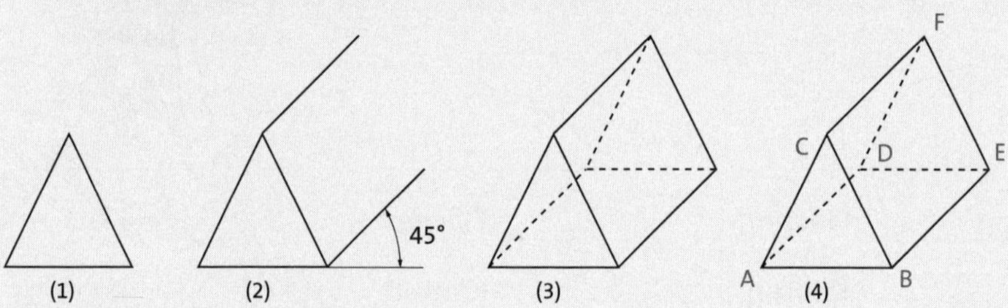

1 **Konstruiere zwei Schrägbilder eines Quaders mit den Abmessungen: a = 6 cm, b = 4 cm, c = 5 cm. Einmal steht er dabei …**

a) auf der größten Begrenzungsfläche.

b) auf der kleinsten Begrenzungsfläche.

1
2
3
4
5

2 **Ein Prisma mit dreiseitiger Grundfläche ist 5 cm hoch. Die Grundfläche ist ein gleichschenklig rechtwinkliges Dreieck mit $a = b = 3{,}5$ cm und $c \approx 4{,}9$ cm. Zeichne ein Netz dieses Prismas. Arbeite in deinem Heft.**

3 **Die Abbildungen zeigen drei Körper in Kavalierprojektion.**

a) Beschrifte die Eckpunkte der Körper.
b) Ermittle die wahren Kantenlängen der Körper. ($\overline{AB}$ = ... cm)

(1)

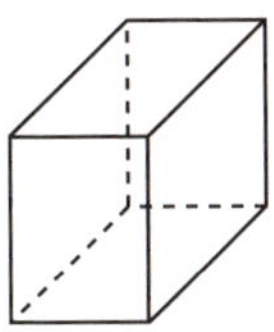

(2)

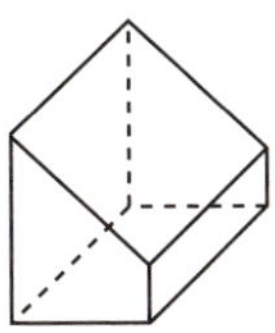

(3)

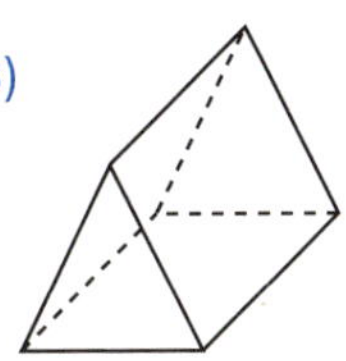

4 **Die Grundfläche eines Prismas ist ein Dreieck mit den Seitenlängen $a = 3$ cm, $b = 4$ cm, $c = 5$ cm. Seine Höhe beträgt 6 cm. Arbeite im Heft.**

a) Zeichne das Netz des Prismas.
b) Zeichne das Schrägbild des Prismas.

Zweitafelprojektion von Körpern

Bei der **Zweitafelprojektion** wird ein Körper durch **zwei senkrechte Parallelprojektionen** abgebildet. Es entstehen zwei Bilder: das Bild des **Grundrisses (Draufsicht)** und das Bild des **Aufrisses (Vorderansicht).** Beide Bilder sind durch eine **Rissachse** getrennt. **Ordnungslinien** verbinden die Bilder ein und desselben Punktes miteinander.

1. Zeichne die Rissachse und wähle die Lage des abzubildenden Körpers so, dass möglichst viele Kanten parallel zur Rissachse verlaufen.
2. Zeichne den Grundriss (unterhalb der Rissachse), indem du die Draufsicht des Körpers darstellt.
3. Zeichne Ordnungslinien, indem du die Kanten, die senkrecht zur Aufrissebene stehen über die Rissachse verlängerst.
4. Zeichne den Aufriss (oberhalb der Rissachse), indem du die Vorderansicht des Körpers darstellst. Nutze die Ordnungslinien als Hilfslinien.
5. Zeichne sichtbare Kanten nach und unsichtbare Kanten gestrichelt.
6. Beschrifte Grundrisspunkte mit A', B' ..., Aufrisspunkte mit A", B" ... Auch nicht sichtbare oder verdeckte Punkte musst du beschriften.

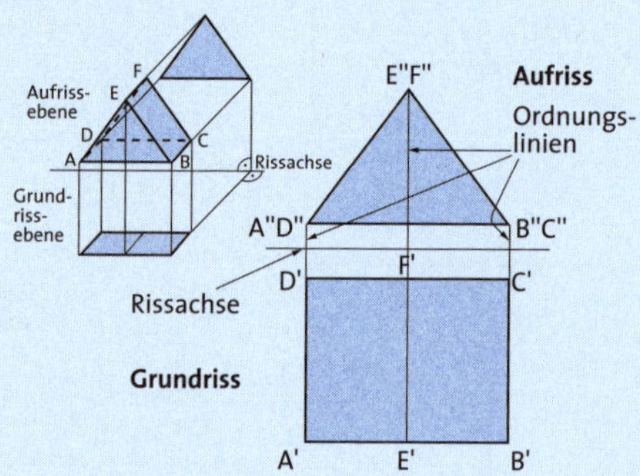

1 **Kreuze an, welche Darstellungen jeweils Zweitafelbilder eines Körpers sind.**

a) ☐ b) ☐ c) ☐ d) ☐ e) ☐

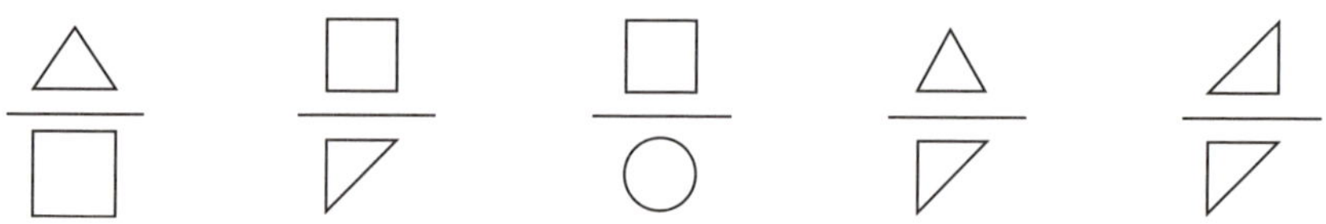

1
2
3
4
5

2 **Die Abbildung zeigt eine Gartenlaube in Kavalierprojektion. Die Maßangaben bezeichnen die Echtmaße der Laube.**

a) Stelle diesen Körper in der Zweitafelprojektion dar. Wähle dazu einen geeigneten Maßstab. Beschrifte die Eckpunkte des Bildes.

b) Wie muss der Körper stehen, wenn die Kante EF im Aufriss gestrichelt gezeichnet werden muss?

c) Wie muss der Körper stehen, damit die Seitenfläche BCGF im Aufriss zu sehen ist?

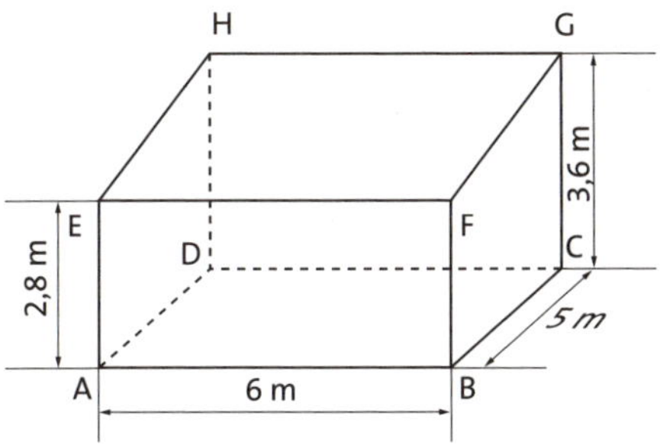

3 **Vervollständige die begonnene Zweitafelprojektion des in Kavalierprojektion abgebildeten Körpers. Beschrifte die Zeichnung korrekt und gib alle *wahren* Kantenlängen an.**

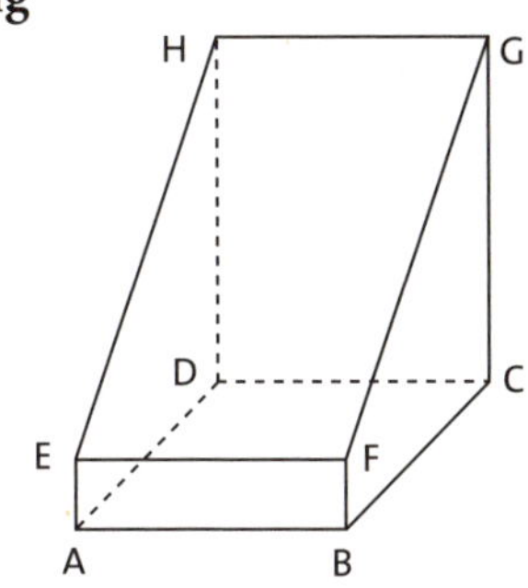

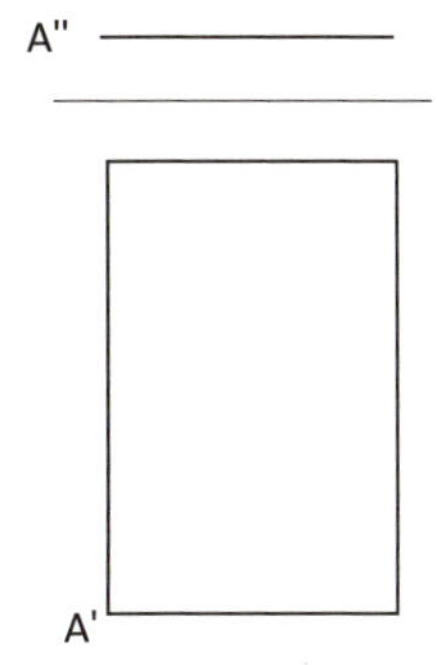

$\overline{AB}$ = ______ $\overline{BC}$ = ______ $\overline{AE}$ = ______ $\overline{CG}$ = ______

Umfang und Fläche

Im Alltag begegnen dir oft Aufgabenstellungen, bei denen geometrische Figuren Grundlage oder Bestandteil sind, um eine gesuchte Größe zu ermitteln.
Jede ebene Figur (↑ S. 12 und 28 ff.) hat einen **Umfang** und einen **Flächeninhalt,** die mit einer **Formel** errechnet werden können. Durch Umstellung der Formel (Gleichung) kannst du auch **Seitenlängen** und **Höhen** berechnen. Für spezielle Vierecke und Dreiecke gelten teilweise spezielle Formeln:

Umfang: Der Umfang ist stets die Summe aller Seitenlängen.

- **Dreiecke:** $u = a + b + c$
- **Vierecke:** $u = a + b + c + d$

Flächeninhalt:

- **Dreiecke allgemein:** $A = \frac{g \cdot h}{2}$ (g = Grundseite, h = Höhe der Grundseite)
- **rechtwinklige** Dreiecke: $A = \frac{a \cdot b}{2}$ (a und b sind die Katheten.)
- **Rechteck:** $A = a \cdot b$
- **Quadrat:** $A = a^2$
- **Trapez:** $A = \frac{a + c}{2} \cdot h$
- **Parallelogramm:** $A = g \cdot h$
- **Drachenviereck:** $A = g \cdot h$

Beim Rechnen mit Längen- und Flächenmaßen musst du darauf achten, **gleiche Einheiten** zu verwenden.

1 **Schreibe mithilfe der Eckpunkte alle abgebildeten Dreiecke auf. Markiere das Dreieck (jedes enthält die Strecke $\overline{AB}$ als Grundseite), das den größten Flächeninhalt hat.**

Tipp: Schau dir die Grundformel zur Flächenberechnung eines Dreiecks an.

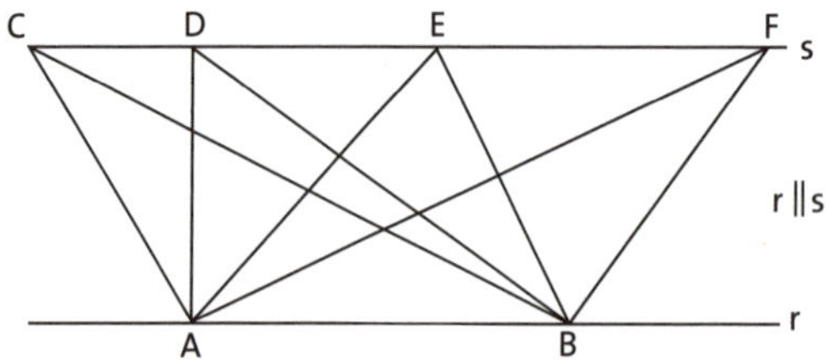

Die Dreiecke lauten: ______ ______ ______ ______

2 **Berechne den Flächeninhalt jedes abgebildeten Parallelogramms. Gib für jedes Parallelogramm die Grundseite g an.**
Hinweis: Achte beim Rechnen auf die Einheit.

a)
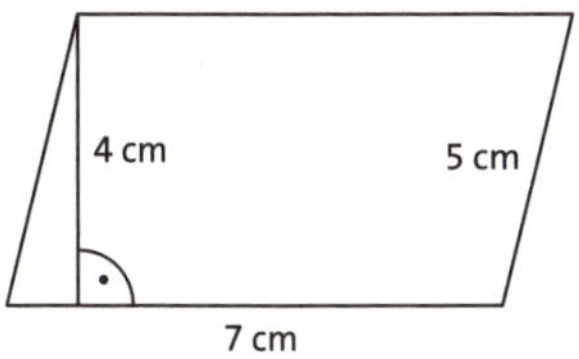

A = ________ g = ________

b)
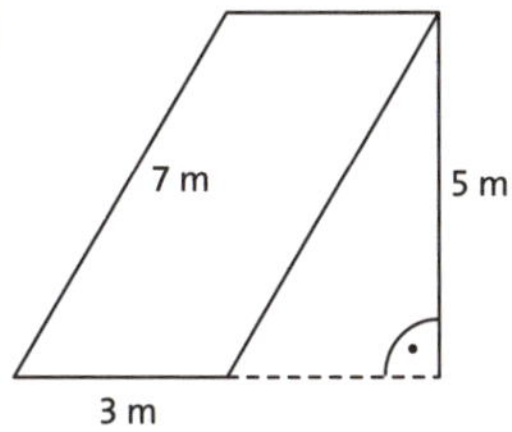

A = ________ g = ________

c)
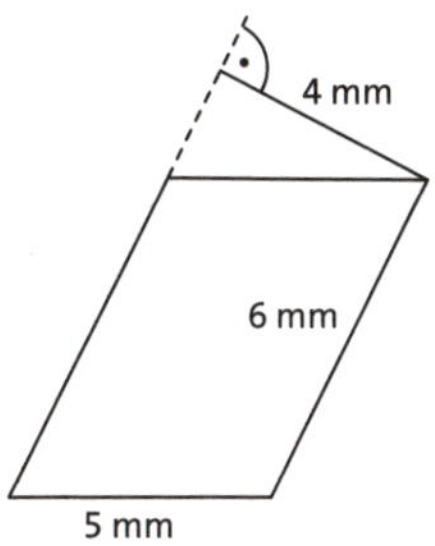

A = ________ g = ________

d)
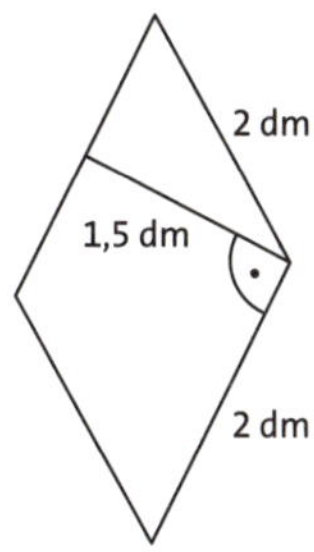

A = ________ g = ________

3 **Berechne den Flächeninhalt jedes Dreiecks im Kopf.**
Hinweis: Achte beim Rechnen auf die Einheit.

a)
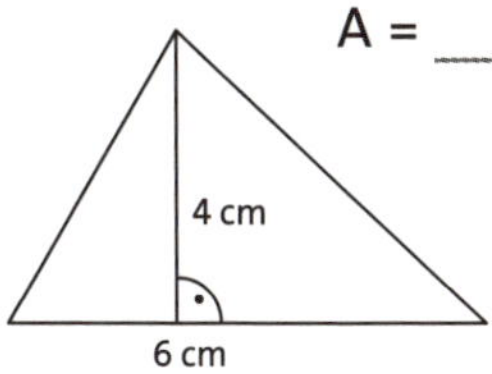

A = ________

b)
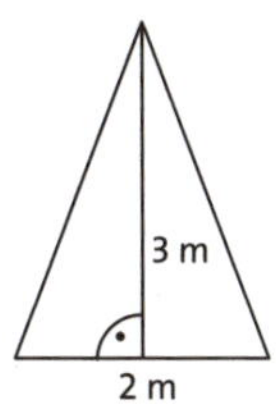

A = ________

c)
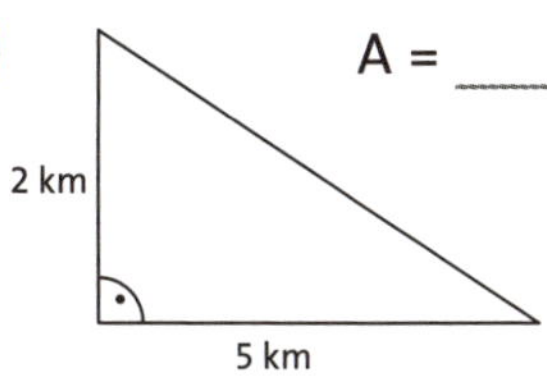

A = ________

d)
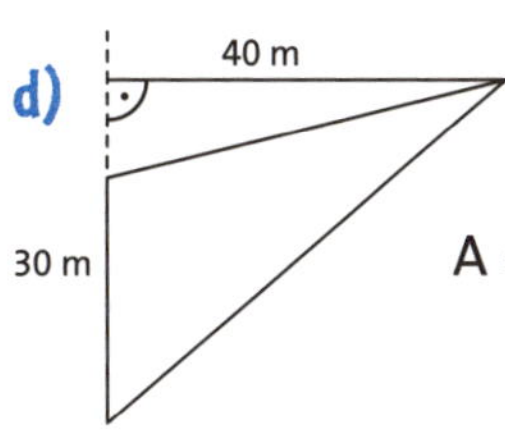

A = ________

Volumen und Oberflächeninhalt

Jeder Körper umschließt ein **Volumen V (Rauminhalt)** und besitzt einen **Oberflächeninhalt.**
Durch Umstellung der Formel (Gleichung) kannst du auch **Seitenlängen** und **Höhen** berechnen. Für spezielle Körper gelten teilweise spezielle Formeln:

Oberflächeninhalt: Der **Oberflächeninhalt** eines Körpers ist die Summe aus allen einzelnen Begrenzungsflächen (↑ S. 58). Die Mantelfläche bezeichnet man mit A_M, die Grundfläche mit A_G und die Körperhöhe mit h oder h_K.

- **Quader:** $A_O = 2 \cdot a \cdot b + 2 \cdot a \cdot c + 2 \cdot b \cdot c$
- **Würfel:** $A_O = 6 \cdot a^2$
- **Prisma** und **Zylinder:** $A_O = 2 \cdot A_G + A_M$
- **Pyramide:** $A_O = A_G + A_M$

Volumen:

- **Quader:** $V = a \cdot b \cdot c$ oder $V = A_G \cdot h$
- **Würfel:** $V = a \cdot a \cdot a$
- **Prisma:** $V = A_G \cdot h_K$
- **Pyramide:** $V = \frac{1}{3} A_G \cdot h_K$

Beim Rechnen mit Längen-, Flächen- und Volumenmaßen musst du stets darauf achten, **gleiche Einheiten** zu verwenden.

1 **Bestimme aus den gegebenen Kantenlängen a und b und dem Volumen eines Quaders, seine dritte Kantenlänge c und seinen Oberflächeninhalt.**
Hinweis: Achte auf das Rechnen mit gleichen Einheiten.

	Länge a	Breite b	Höhe c	Volumen	Oberfläche
a)	6 cm	10 cm		300 cm^3	
b)	8 dm	5 dm		400 dm^3	
c)	12 m	5 dm		6 000 m^3	
d)	2 km	3 m		18 000 m^3	

2 **Miss die Seitenlängen und berechne in deinem Übungsheft das Volumen des abgebildeten Körpers.**

Hinweis: Die Grundfläche ist ein Trapez. Beachte, dass es sich hier um ein Schrägbild handelt!

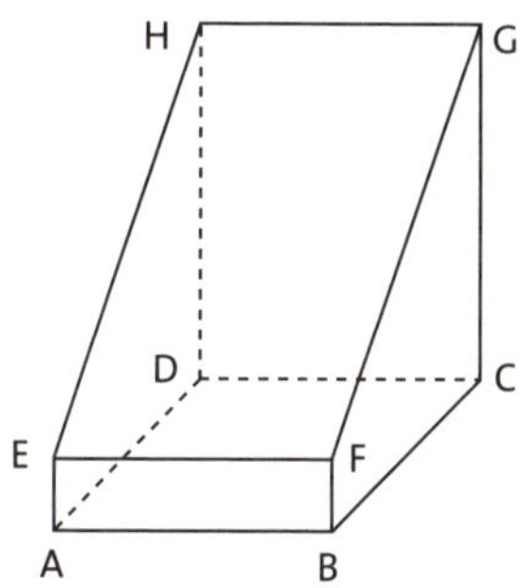

V = ______________

3 **Berechne den Oberflächeninhalt und das Volumen eines dreieckigen Prismas mit a = 3 cm, b = 4 cm, c = 5 cm. Seine Höhe beträgt 6 cm.**

4 **Berechne im Heft das Volumen folgender Körper:**

Hinweis: Fertige eine Skizze an. Achte auf das Rechnen mit gleichen Einheiten. h_T = Höhe des Trapezes; h_K = Höhe des Prismas

a) Prisma mit quadratischer Grundfläche:
a = 7,2 cm; h_K = 8 cm

b) Prisma mit trapezförmiger Grundfläche:
a||c; a = 4,5 cm; c = 30 mm;
h_T = 3 cm; h_K = 0,8 dm

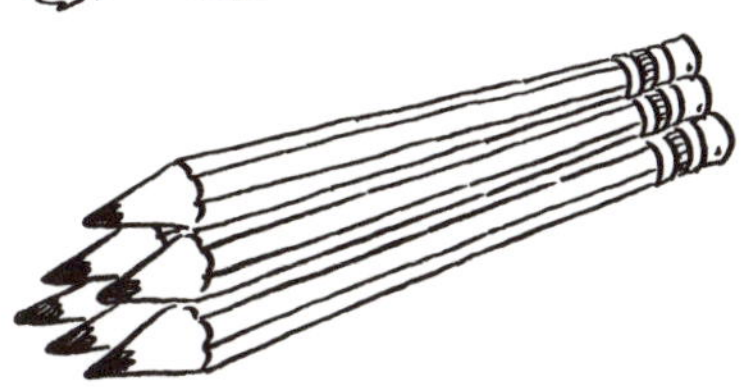

Abschlusstest

1 **Zeichne ein Koordinatensystem ($-4 \leq x \leq 7$ und $-4 \leq y \leq 7$; 1 cm ≙ einer ganzen Zahl) in dein Übungsheft und trage den Mittelpunkt M (2|1) ein. Zeichne einen Kreis, auf dessen Rand der Punkt A (6|1) liegt.**

a) Welche gemeinsame Eigenschaft besitzen alle Punkte auf K?
b) Gib alle Punkte auf K an, deren x-Wert *und* deren y-Wert je eine ganze Zahl ist. Beschrifte und verbinde alle Punkte.
c) Gib alle Seitenlängen an.
d) Benenne alle rechten Winkel, die hierbei auftreten.
e) Berechne den Umfang und den Flächeninhalt des Vierecks.

2 **Wie groß sind jeweils α, β und γ?**

a) Die Geraden a und b sind parallel, c und d bilden einen rechten Winkel.

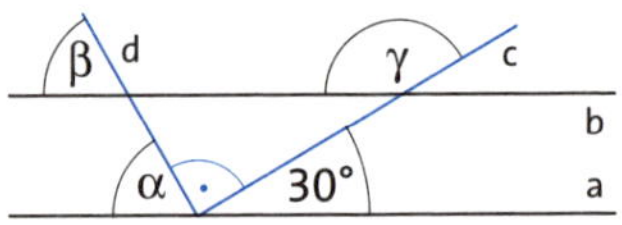

b) Die Gerade a ist Winkelhalbierende des rechten Winkels, der von c und d gebildet wird.

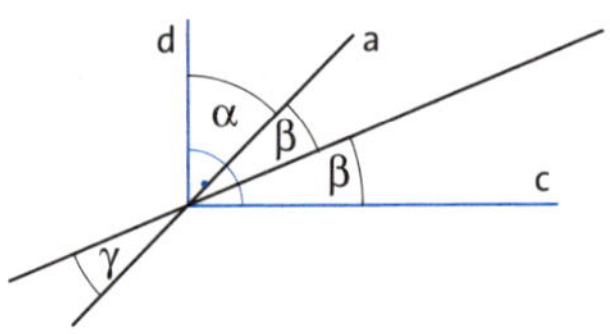

3 **Gegeben sind die beiden Geraden g und h, die sich im Punkt S unter dem Winkel α schneiden.**

a) Konstruiere die Winkelhalbierende w.
b) Lege einen beliebigen Punkt M auf w fest und konstruiere denjenigen Kreis, der die beiden Geraden g und h berührt. Beachte: g und h müssen als Tangenten senkrecht zu ihrem Berührradius stehen.

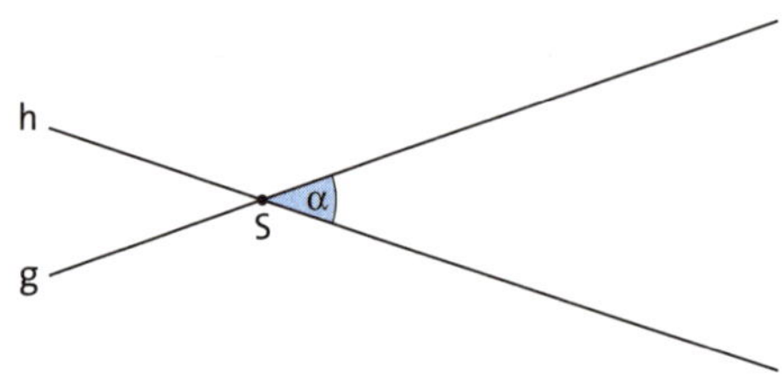

4 **Berechne die Winkel β, γ, δ, ε.**

β = ________ γ = ________

δ = ________ ε = ________

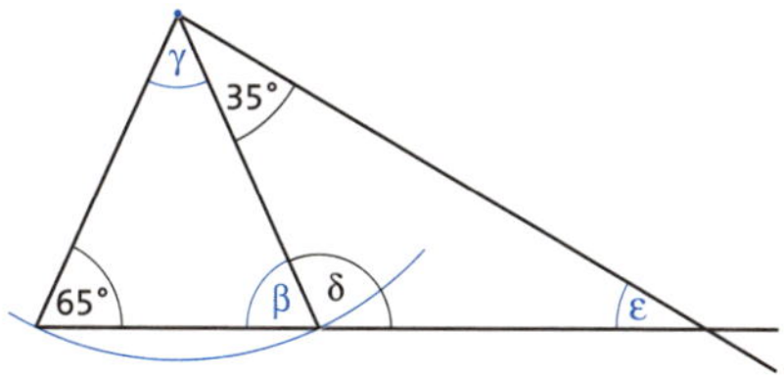

5 **Konstruiere in deinem Heft ein Dreieck ABC mit folgenden Vorgaben:**
$a = 5{,}8$ cm, $h_a = 3$ cm, $\beta = 50°$.

a) Bestimme die Winkelgröße von α und γ ohne zu messen.
b) Bestimme den Flächeninhalt des Dreiecks.
c) Spiegle das Dreieck an der Spiegelachse $\overline{BC}$.
d) Welches spezielle Viereck ist durch die Spiegelung entstanden?
e) Bestimme alle Innenwinkel des Vierecks ABA'C ohne zu messen.
f) Zeichne beide Diagonalen in das Viereck und notiere, welche der entstandenen Dreiecke kongruent zueinander sind.

6 **Stelle das im Schrägbild dargestellte Prisma im Zweitafelverfahren dar. Welche beiden Möglichkeiten ergeben sich, wenn $\overline{AB}$ jeweils parallel zur Rissachse verläuft?**

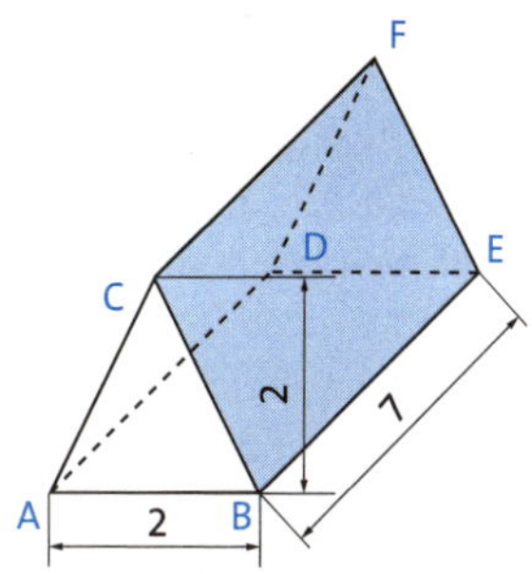

7 **Von einem geraden Prisma mit rechteckiger Grundfläche sind das Volumen, die Höhe und eine Seite der Grundfläche bekannt:**
$V = 432\ cm^3$, $h_K = 12$ cm, $a = 8$ cm.

a) Berechne die fehlende Seite der Grundfläche.
b) Wie groß ist die Oberfläche?

Bibliografische Information der Deutschen Nationalbibliothek
Die Deutsche Nationalbibliothek verzeichnet diese Publikation
in der Deutschen Nationalbibliografie; detaillierte bibliografische
Daten sind im Internet über http://dnb.ddb.de abrufbar.

 D C B A

Redaktionelle Leitung Annika Renker
Redaktion Marion Krause

Herstellung Annette Scheerer
Layout Horst Bachmann
Illustration Dirk Hennig
Umschlaggestaltung Atelier Frank Wohlgemuth, Bremen
Umschlagabbildung Dirk Hennig
Satz tiff.any GmbH, Berlin
Druck und Bindung Heenemann GmbH & Co, Berlin
Printed in Germany

ISBN 978-3-411-73651-5